Heribert Kreulitsch

Formgebung von Blechen und Bändern durch Biegen

Springer-Verlag Wien New York

Univ.-Prof. Dipl.-Ing. Dr. Heribert Kreulitsch

VOEST-ALPINE Stahl Linz GmbH
Linz, Österreich

Satz: Thomson Press (India) Ltd., New Delhi
Gedruckt auf säurefreiem, chlorfrei gebleichtem Papier—TCF

Mit 100 Abbildungen

Die Deutsche Bibliothek – CIP-Einheitsaufnahme

Kreulitsch, Heribert:
Formgebung von Blechen und Bändern durch Biegen/H. Kreulitsch. – Wien; New York: Springer, 1995
ISBN 3-211-82595-9 (Wien) brosch.
ISBN 0-387-82595-9 (New York) brosch.

ISBN 3-211-82595-9 Springer-Verlag Wien New York
ISBN 0-387-82595-9 Springer-Verlag New York Wien

Vorwort

Die Umformung von Blechen und Bändern zu Profilen wird seit langem in Blechverarbeitungsbetrieben angewandt. Zum Teil stehen die daraus gefertigten Produkte in Konkurrenz zu Walzprodukten; komplizierte Profile können hingegen nur durch geeignete Formgebung im kalten Zustand hergestellt werden. Als Verformungswerkzeuge werden vielfach Pressen verwendet. Wenn es um die Erzeugung großer Mengen gleicher Profilformen oder um Sonderprofile geht, kommen hingegen meist kontinuierlich hintereinander angeordnete Umformgerüste zur Anwendung. Dabei kann die Anzahl derselben bis zu 50 ausmachen, was den Schwierigkeitsgrad der Formgebung zum Ausdruck bringt. Der erfolgreiche Betrieb solcher Anlagen hängt dabei sehr stark von der praktischen Erfahrung des damit befaßten Personals ab. Das vorliegende Werk soll das Sammeln von praktischen Erfahrungen durch Anwendung vereinfachter technischen Grunderkenntnisse erleichtern und die Anwendung des elastischplastischen Biegevorganges zur Formgebung den damit befaßten Technikern näher bringen.

Es ist nicht möglich, alle möglichen Profilformen damit zu beschreiben, deshalb werden einzelne Anwendungsbeispiele ausgewählt, um das Grundverständnis zu wecken. Die dabei verwendeten vereinfachten Vorstellungen umfassen meistens:

- den einachsigen Spannungszustand,
- die Anwendung eines vereinfachten Werkstoffmodells mit Kaltverfestigung (Zug = Druck),
- die Anwendung der Vorstellung eines einseitig eingespannten Trägers mit Einzellast,
- die Anwendung der Vorstellung, daß die neutrale Faser in der Mitte der Blechdicke liegt,
- die Beschränkung auf kleine Biegeradien,
- der lineare Formänderungsverlauf über die Blechdicke.

Die theoretischen Betrachtungen wurden überwiegend mit praktischen Meßgrößen verglichen, sodaß eine gute Abschätzbarkeit der Anwendungsgrenzen möglich ist.

Heribert Kreulitsch Linz, Ende 1994

Danksagung

Das vorliegende Buch entstand unter Mitwirkung von H. Fischer, R. Gallob, H. Ponschab, E. Till und A. Prenner, denen an dieser Stelle dafür gedankt wird. Vor allem die Durchführung der praktischen Messungen und die Anwendung der theoretischen Vorstellungen durch numerische Vergleichsrechnungen wurde in dankenswerter Weise durch dieses Team abgewickelt.

Gedankt sei an dieser Stelle den Geschäftsführungen der VA Stahl Linz GmbH, VAK GmbH und VA KF GmbH, die die Erstellung dieses Buches in dankenswerter Weise unterstützt haben.

Inhaltsverzeichnis

Verzeichnis der Symbole

σ_{0_1}	= obere Streckgrenze (N/mm^2)
$\sigma_0 = \sigma_{0_2}$	= untere Streckgrenze (N/mm^2)
m	= Verfestigungsmodul (N/mm^2)
σ_B	= Zugfestigkeit (N/mm^2)
σ_{el}	= elastische Spannung (N/mm^2)
σ_{Pl}	= plastische Spannung (N/mm^2)
K_6	= Spannung als Werkstoffkennwert (N/mm^2)
K_7	= Spannung als Werkstoffkennwert (N/mm^2)
K_8	$= \frac{\sigma_{0_1}}{\sigma_{0_2}} (-)$
ε_0	= Formänderung bei σ_{0_1} wenn eine obere Streckgrenze vorliegt (–)
	= Formänderung bei σ_0 wenn keine obere Streckgrenze vorliegt (–)
ε_1	= Formänderung bei σ_{0_2} wenn eine obere Streckgrenze vorliegt (–)
M	= Biegemoment (Nmm)
P	= Kraft (N)
η, x, y, z	= Koordinaten (mm)
h	= Banddicke (mm)
r, ϱ, R	= Radius (mm)
δHo	= Hebelarm (mm)
α	= Biegewinkel (–)
E	= Elastizitätsmodul (N/mm^2)
W	= Biegearbeit (Nmm)
V	= Volumen (mm^3)
B_0	= Ausgangsblechlänge (mm)
B_1	= Länge des geraden Teiles des Oberwerkzeuges (mm)
s	= Stempelweg (mm)
μ	= Reibungskoeffizient (–)
ν	= Poisson'sche Konstante
p	= Flächenpressung (N/mm^2)
L	= geometrische Kennzeichnung der Entfernung Ober-, Unterwerkzeug (mm)
b	= Auflagenentfernung Unterwerkzeug (mm)
R_a	= arithmetischer Mittenrauhwert (µm)
ψ	= Längenkoordinate (mm)
ψ_s	= Länge der Verformungszone (mm)
Θ	= Winkel (–)
r_0	= Walzenradius der Oberwalze auf der Flachbahn (mm)
U	= Umfangskraft (N)
r_u	= Walzenradius Unterwalze auf der Flachbahn (mm)
ϱ_{u_1}	= Krümmungsradius (mm)
r_u^*	= Maximaler Walzenradius der Unterwalze (mm)
H_0	= Schenkellänge
w	= auf x-Achse projizierte Schenkellänge $\bar{H}_0$ (mm)
γ	= Winkel des in ein Umformgerüst einlaufenden Bandes (–)
β	= Anzahl der Biegeecken eines fertigen Profiles (–)
t	= Zeit (s)
S	= Weg des Trennwerkzeuges (m)
v_B	= Bandgeschwindigkeit (m/min)
L_t	= Durchsatzleistung (t/h)
N	= Leistung (KW)
F	= Fläche (mm^2)

1. Festlegung der Materialkennwerte = Werkstoffmodell

Für die umzuformenden Werkstücke müssen Spannungs-Dehnungs-Schaubilder ermittelt werden, die nach folgendem Schema (Abb. 1) vereinfacht werden:

Elastischer Bereich $0 \leq \sigma_{el} \leq \sigma_0$

$$\sigma_{el} = E\varepsilon. \tag{1}$$

Plastischer Bereich $\sigma_0 \leq \sigma_{Pl} \leq \sigma_B$

$$\sigma_{Pl} = \sigma_0\left(1 - \frac{m}{E}\right) + m\varepsilon. \tag{2}$$

Dabei ist $m = \dfrac{\sigma_{Pl} - \sigma_0}{\varepsilon - \varepsilon_0}$

σ_B = Festigkeit.

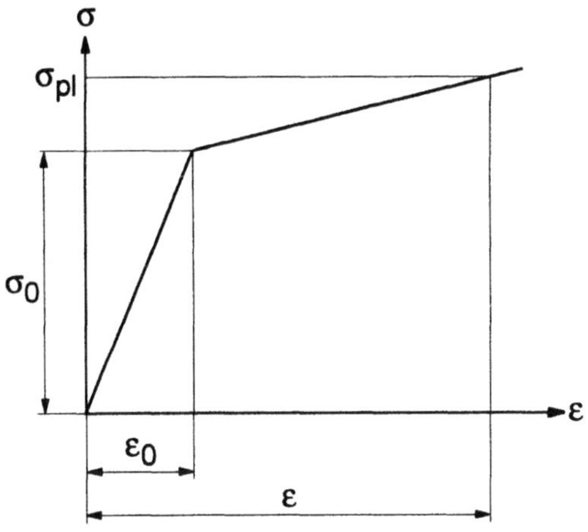

Abb. 1. Werkstoffmodell

2. Belastungsschema für freie Biegung

Es wird angenommen, daß die Beschreibung der Umformvorgänge durch einachsige Beanspruchung eines einseitig eingespannten Trägers, der durch die Einzelkraft ohne Reibungskraft belastet wird, möglich ist.

Die Lage der neutralen Faser wird dabei unverändert in der Mitte der Blechdicke angenommen. Veränderungen derselben mit forschreitendem Biegevorgang werden vernachlässigt (s. Abb. 2).

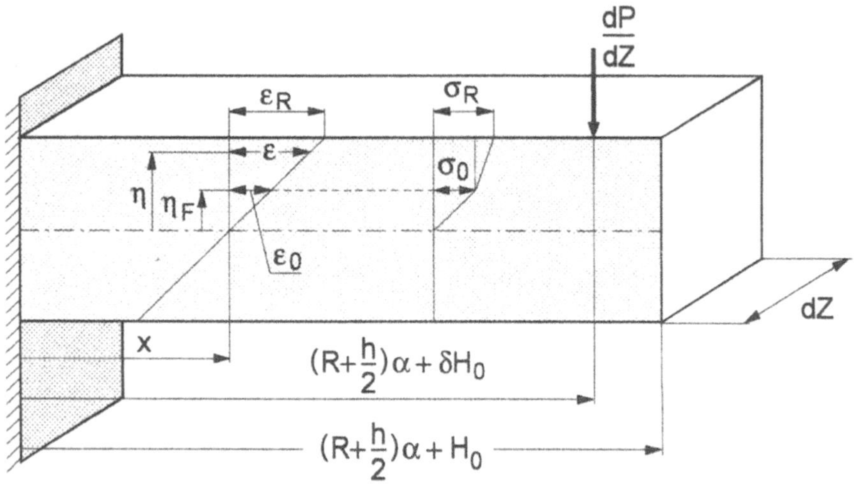

Abb. 2. Belastungsschema für freie Biegung

2.1 Das äußere Biegemoment $M_{(x)}$

$$dM_{(x)} = dP\left(\left(R + \frac{h}{2}\right)\alpha + \delta H_0 - x\right). \tag{3}$$

2.2 Biegeträger mit rein elastischer freier Biegung

$$0 \leq \frac{dP}{dZ} \leq \left(\frac{dP}{dZ}\right)_{max.el.}$$

2.2.1 *Inneres Biegemoment* $M_{(x)}$

$$dM_{(x)} = 2\,dz \int_0^{h/2} \sigma_{el}\,\eta\,d\eta$$

$$\sigma_{el} = E\varepsilon$$

$$\varepsilon = \frac{\eta}{\rho}$$

$$dM_{(x)} = \frac{Eh^3\,dz}{12\,\rho_{(x)}} \tag{4}$$

2.2.2 *Krümmungsradius* $\rho_{(x)}$

Durch Gleichsetzen der inneren und äußeren Biegemomente erhält man:

$$\rho_{(x)} = \frac{Eh^3}{12\dfrac{dP}{dZ}\left(\left(R+\dfrac{h}{2}\right)\alpha + \delta H_0 - x\right)}. \tag{5}$$

Der kleinste Krümmungsradius für maximale elastische Biegebeanspruchung ergibt sich aus der Erkenntnis, daß für $\eta = \frac{h}{2}$ die Formgebung an dieser Stelle, der maximalen elastischen Formänderung $\varepsilon = \varepsilon_0 = \frac{\sigma_0}{E}$ entsprechen muß.

$$\rho = \frac{\eta}{\varepsilon}$$

$$\rho_{max.el.} = \frac{Eh}{2\sigma_0} \tag{6}$$

2.2.3 *Maximale elastische Biegekraft* $\left(\frac{dP}{dZ}\right)_{max.el.}$

Aus Gl. (5) erhält man mit Gl. (6)

$$\left(\frac{dP}{dZ}\right)_{el} = \frac{\sigma_0 h^2}{6\left(\left(R+\dfrac{h}{2}\right)\alpha + \delta H_0 - x\right)}.$$

Da die Biegekraft bei $x = 0$ am größten ist, erhält man

$$\left(\frac{dP}{dZ}\right)_{max.el.} = \frac{\sigma_0 h^2}{6\left(\left(R + \frac{h}{2}\right)\alpha + \delta H_0\right)}. \tag{7}$$

2.2.4 *Elastische Biegearbeit* $\frac{dW}{dZ}$

$$\frac{dW}{dV} = \int \sigma_{el}\, d\varepsilon$$

$$dV = 2\, dx\, dZ\, d\eta$$

$$\varepsilon = \frac{\eta}{\rho}$$

$$\frac{dW}{dZ} = \frac{E\, dx}{\rho(x)^2} \int_0^{h/2} \eta^2\, d\eta.$$

Mit $\rho(x)$ aus Gl. (5) ist

$$\frac{dW}{dZ} = \frac{Eh^3}{24} \int_0^{(R+h/2)\alpha + \delta H_0} \frac{dx}{\rho(x)^2}$$

$$\frac{dW}{dZ} = \frac{2\left(\frac{dP}{dZ}\right)^2 \left(\left(R + \frac{h}{2}\right)\alpha + \delta H_0\right)^3}{Eh^3}. \tag{8}$$

Die maximale elastische Biegearbeit erhält man durch Anwendung von Gl. (7):

$$\left(\frac{dW}{dZ}\right)_{max.el.} = \frac{\sigma_0^2 h\left(\left(R + \frac{h}{2}\right)\alpha + \delta H_0\right)}{18E}. \tag{9}$$

2.3 Biegeträger mit elastisch-plastischer freier Biegung

$$\left(\frac{dP}{dZ}\right)_{max.el.} \leq \frac{dP}{dZ} \leq \left(\frac{dP}{dZ}\right)_{max.el.Pl}$$

Aus Abb. 3 kann man erkennen, daß bei Überschreiten von $\left(\frac{dP}{dZ}\right)_{max.el.}$ sich zwei voneinander verschiedene Bereiche innerhalb der Biegeträger ausbilden:

– elastisch-plastischer Bereich: $0 \leq x \leq x_{Pl}$,

– rein elastischer Bereich: $x_{Pl} \leq x \leq \left(R + \frac{h}{2}\right)\alpha + \delta H_0$.

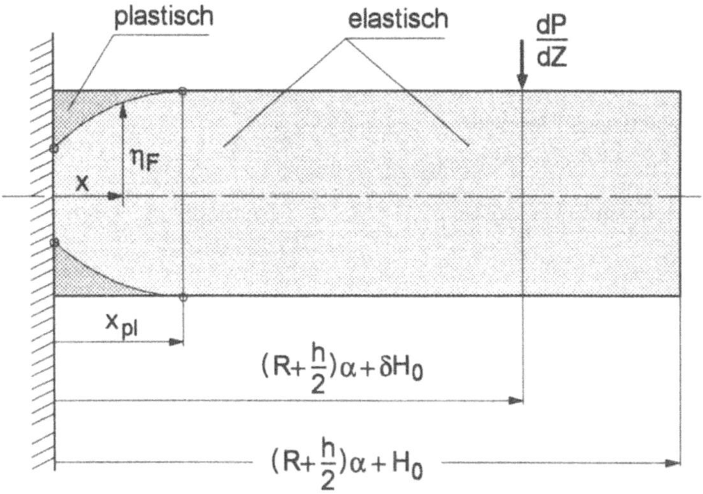

Abb. 3. Biegeträger mit elastisch-plastischen Bereichen

2.3.1 Inneres Biegemoment im Bereich $0 \leq x \leq x_{Pl}$

2.3.1.1 Elastischer Bereich $0 \leq \eta \leq \eta_F$

$$dM_{(x)} = 2\,dz \int \sigma_{el} \eta \, d\eta$$

$$\sigma_{el} = E\varepsilon$$

$$\frac{\varepsilon_0}{\eta_F} = \frac{\varepsilon}{\eta}$$

$$dM_{(x)} = \frac{2\sigma_0\,dZ}{\eta_F} \int_0^{\eta_F} \eta^2 \, d\eta$$

$$dM_{(x)} = \tfrac{2}{3}\sigma_0 \eta_{F(x)}^2 \, dz. \tag{10}$$

2.3.1.2 Plastischer Bereich $\eta_F \leq \eta \leq \frac{h}{2}$

$$dM_{(x)} = 2\,dz \int \sigma_P \cdot \eta \, d\eta$$

σ_{Pl} aus Gl. (2) ergibt bei Vernachlässigung des elastischen Anteiles:

$$dM_{(x)} = 2\sigma_0\, dZ\left(\left(1 - \frac{m}{E}\right)\int_{\eta_F}^{h/2} \eta\, d\eta + \frac{m}{E\eta_F}\int_{\eta_F}^{h/2} \eta^2\, d\eta\right)$$

$$dM_{(x)} = 2\sigma_0\, dz\left[\frac{\left(1 - \frac{m}{E}\right)}{2}\left(\frac{h^2}{4} - \eta_F^2\right) + m\frac{\left(\frac{h^3}{8} - \eta_F^3\right)}{3E\eta_F}\right]. \tag{11}$$

2.3.1.3 Elastischer + plastischer Bereich $0 \leq x \leq x_{Pl}$, $0 \leq \eta \leq \frac{h}{2}$

Addiert man die Gl. (10) und (11), erhält man mit der Vereinfachung $\frac{m}{E} \sim 0$

$$dM_{(x)} = 2\sigma_0\, dZ\left(\frac{h^2}{8} - \frac{\eta_{F(x)}^2}{6}\right). \tag{12}$$

2.3.2 Ermittlung von η_F im Bereich $0 \leq x \leq x_{Pl}$

Setzt man das innere Biegemoment nach Gl. (12) dem äußeren Biegemoment nach Gl. (3) gleich, erhält man:

$$\eta_{F(x)} = \sqrt{\frac{3}{4}h^2 - \frac{3}{\sigma_0}\frac{dP}{dZ}\left(\left(R + \frac{h}{2}\right)\alpha + \delta H_0 - x\right)}. \tag{13}$$

Dies steht auch in Übereinstimmung mit Ditges[1].

2.3.3 Ermittlung von $\rho_{(x)}$ für den Bereich $0 \leq x \leq x_{Pl}$

Mit $\varepsilon = \frac{\eta}{\rho}$ und $\varepsilon = \varepsilon_0$ für $\eta = \eta_F$ erhält man:

$$\rho(x) = \frac{\eta_F(x)E}{\sigma_0}. \tag{14}$$

Mit η_F aus Gl. (13) ergibt sich:

$$\rho(x) = \frac{E}{\sigma_0}\sqrt{\frac{3}{4}h^2 - \frac{3}{\sigma_0}\left(\left(R + \frac{h}{2}\right)\alpha + \delta H_0 - x\right)\frac{dP}{dZ}}. \tag{15}$$

2.3.4 Bestimmung von x_{Pl}

An der Stelle $x = x_{Pl}$ muß $\eta_F = \frac{h}{2}$ und $\rho_{Pl}(x) = \frac{Eh}{2\sigma_0}$ sein.

Setzt man diese Bedingungen in Gl. (15) ein, erhält man:

$$x_{Pl} = \left(\left(R + \frac{h}{2}\right)\alpha + \delta H_0\right) - \frac{\sigma_0 h^2}{6\frac{dP}{dZ}}. \tag{16}$$

2.3.5 Bestimmung von $\left(\frac{dP}{dZ}\right)_{max.el.Pl}$

Aus Gl. (13) erhält man mit den Bedingungen $x = 0$ und $\eta_F = 0$

$$\left(\frac{dP}{dZ}\right)_{max.el.Pl} = \frac{\sigma_0 h^2}{4\left(\left(R + \frac{h}{2}\right)\alpha + \delta H_0\right)}. \tag{17}$$

2.3.6 Bestimmung von $x_{Pl.max.}$

Wird $\frac{dP}{dZ}$ immer größer und erreicht $\left(\frac{dP}{dZ}\right)_{max.el.Pl}$ nach Gl. (17), wird nach Einsetzen in Gl. (16)

$$x_{Pl.max.} = \frac{\left(R + \frac{h}{2}\right)\alpha + \delta H_0}{3}. \tag{18}$$

2.3.7 Biegearbeit im Bereich $0 \leq x \leq x_{Pl}$

2.3.7.1 Elastischer Bereich $0 \leq \eta \leq \eta_F$

$$\frac{dW}{dV} = \int \sigma_{el}\, d\varepsilon$$

$$\sigma_{el} = E\varepsilon$$

$$dV = 2\, dZ\, dx\, d\eta$$

$$\varepsilon = \frac{\eta}{\rho}$$

$$\frac{dW}{dZ} = \frac{E\, dx}{\rho(x)^2} \int_0^{\eta_F} \eta(x)^2\, d\eta$$

$$\frac{dW}{dZ} = \frac{E\,dx\,\eta_F(x)^3}{3\rho(x)^2}. \tag{19}$$

2.3.7.2 Plastischer Bereich $\eta_F \leq \eta \leq \frac{h}{2}$

$$\frac{dW}{dV} = \int \sigma_{Pl}\, d\varepsilon.$$

Mit σ_{Pl} aus Gl. (2), $dV = 2\,dx\,dz\,d\eta$ und $\varepsilon = \frac{\eta}{\rho}$ erhält man bei Vernachlässigung des elastischen Anteiles: $\left(\frac{\sigma_0}{E} \sim 0\right)$*)

$$\frac{dW}{dZ} = 2\,dx\left(\frac{\sigma_0\left(1 - \frac{m}{E}\right)}{\rho(x)} \int_{\eta_F}^{h/2} \eta\, d\eta + \frac{m}{2\rho(x)^2} \int_{\eta_F}^{h/2} \eta^2\, d\eta\right)$$

$$\frac{dW}{dZ} = 2\,dx\left(\frac{\sigma_0\left(1 - \frac{m}{E}\right)h^2}{8\rho(x)} - \frac{\sigma_0\left(1 - \frac{m}{E}\right)\eta_F^2}{2\rho(x)} + \frac{mh^3}{48\,\rho(x)^2} - \frac{m\eta_F^3}{6\rho(x)^2}\right). \tag{20}$$

2.3.7.3 Elastischer + plastischer Bereich $0 \leq x \leq x_{Pl}$

Durch Addition von Gl. (19) und (20) erhält man:

$$\frac{dW}{dZ} = dx\left[\frac{E\eta_F^3\left(1 - \frac{m}{E}\right)}{3\rho(x)^2} + \frac{h^2}{4}\left(\frac{\sigma_0\left(1 - \frac{m}{E}\right)}{\rho(x)} + \frac{mh}{6\,\rho(x)^2}\right) - \frac{\sigma_0\left(1 - \frac{m}{E}\right)\eta_F^2}{\rho(x)}\right]. \tag{21}$$

Setzt man $\rho(x) = \frac{E\eta_F}{\sigma_0}$ erhält man:

$$\frac{dW}{dZ} = \frac{\sigma_0^2}{E} h^2\,dx\left(\frac{\left(1 - \frac{m}{E}\right)}{4\eta_F} + \frac{mh}{24 E\eta_F^2} - \frac{2}{3}\,\frac{\left(1 - \frac{m}{E}\right)\eta_F}{h^2}\right). \tag{22}$$

Bildet man aus Gl. (13) die Ableitung

$$dx = \frac{2}{3}\,\frac{\sigma_0 \eta_F\, d\eta_F}{\frac{dP}{dZ}}$$

---

* Die Vernachlässigung ist für die später beschriebenen Anwendungsgebiete zulässig, da die angewandten Krümmungsradien $h \leq \rho \leq 2{,}5\,h$ sehr klein sind, und der elastische Anteil der plastischen Spannung keine große Bedeutung hat. Für freie Biegung mit größeren Krümmungsradien z.B. Rohrumformung ist diese Annahme nur bedingt zulässig.

und setzt diesen Ausdruck in Gl. (22) ein, erhält man:

$$\frac{dW}{dZ}=\frac{2}{3}\frac{\sigma_0^3 h^2}{E\frac{dP}{dZ}}\left(\frac{\left(1-\frac{m}{E}\right)}{4}\int d\eta_F+\frac{mh}{24E}\int\frac{d\eta_F}{\eta_F}-\frac{2}{3}\frac{\left(1-\frac{m}{E}\right)}{h^2}\int\eta_F^2\,d\eta_F\right).$$

Mit den Integrationsgrenzen

$$\eta_{F(x_{Pl})}=\frac{h}{2}$$

$$\eta_{F(x=0)}=\sqrt{\frac{3}{4}h^2-\frac{3}{\sigma_0}\frac{dP}{dZ}\frac{\left(\left(R+\frac{h}{2}\right)\alpha+\delta H_0\right)}{\left(1-\frac{m}{E}\right)}}$$

erhält man schließlich:

$$\frac{dW}{dZ}=\frac{2}{3}\frac{\sigma_0^3 h^2}{E\frac{dP}{dZ}}\left\{\frac{\left(1-\frac{m}{E}\right)}{4}\left(\frac{h}{2}-\eta_{F(x=0)}\right)+\frac{mh}{24E}\ln\left(\frac{h}{2\eta_{F(x=0)}}\right)-\right.$$
$$\left.-\frac{2}{9}\frac{\left(1-\frac{m}{E}\right)}{h^2}\left(\frac{h^3}{8}-\eta^3_{F(x=0)}\right)\right\}. \tag{23}$$

2.3.8 Elastische Biegearbeit im Bereich $x_{Pl}\le x\le\left(R+\frac{h}{2}\right)\alpha+\delta H_0$

In Anlehnung an den Abschnitt 2.2.4 erhält man mit den Integrationsgrenzen $\left(R+\frac{h}{2}\right)\alpha+\delta H_0$ und x_{Pl} für die elastische Biegearbeit:

$$\frac{dW}{dZ}=\frac{\sigma_0^3 h^3}{108E\frac{dP}{dZ}}. \tag{24}$$

2.3.9 Gesamte Biegearbeit

Für den Biegeträger mit elastisch-plastischer Belastung wählt man als Bezugsgröße für die Biegekraft $\frac{dP}{dZ}$ den Krümmungsradius an der Stelle $x=0$, ergibt sich aus

Gl. (13):

$$\frac{dP}{dZ} = \frac{\sigma_0\left(\frac{3}{4}h^2 - \eta^2_{F_{(x=0)}}\right)}{3\left(\left(R + \frac{h}{2}\right)\alpha + \delta H_0\right)}.$$

Mit Gl. (14) ist $\eta_{F_{(x=0)}} = \frac{\sigma_0}{E}\rho_{(x=0)}$

Somit ist

$$\frac{dP}{dZ} = \frac{\sigma_0\left(\frac{3}{4}h^2 - \frac{\sigma_0^2}{E^2}\rho^2_{(x=0)}\right)\left(1 - \frac{m}{E}\right)}{3\left(\left(R + \frac{h}{2}\right)\alpha + \delta H_0\right)}.$$

Mit dem Grenzen

$$\frac{\sigma_0 h^2\left(1 - \frac{m}{E}\right)}{6\left(\left(R + \frac{h}{2}\right)\alpha + \delta H_0\right)} \le \frac{dP}{dZ} \le \frac{\sigma_0 h^2\left(1 - \frac{m}{E}\right)}{4\left(\left(R + \frac{h}{2}\right)\alpha + \delta H_0\right)}$$

ist die gesamte Biegearbeit für die ganze Biegeträgerlänge

$$\frac{dW}{dZ} = \text{Gl. (23)} + \text{Gl. (24)}. \qquad (25)$$

3. Erzwungene Biegung im Bereich $0 \leq x \leq \left(R + \frac{h}{2}\alpha\right)$

Wird angenommen, daß im Bereich $0 \leq x \leq \left(R + \frac{h}{2}\alpha\right)$ der Krümmungsradius z.B. durch die Werkzeuggeometrie erzwungen wird und $\rho = \left(R + \frac{h}{2}\right)$ ausmacht, läßt sich die Biegearbeit für diesen Bereich – elastisch, plastische Krümmung $\left(0 \leq R + \frac{h}{2} \leq \frac{Eh}{2\sigma_0}\right)$ vorausgesetzt – wie folgt bestimmen:

Man verwendet Gl. (22) und setzt dort für $\eta_F = \frac{\sigma_0}{E}\left(R + \frac{h}{2}\right)$ konstant für die gesamte Biegelänge

$$0 \leq x \leq \left(R + \frac{h}{2}\alpha\right)$$

ein. Daraus erhält man mit der Vereinfachung $\frac{\sigma_0^2}{E^2} \sim 0$

$$\frac{dW}{dZ} = \frac{\sigma_0 h^2 \alpha}{4}\left[1 - \frac{m}{E} + \frac{mh}{6\sigma_0\left(R + \frac{h}{2}\right)}\right]. \tag{26}$$

4. Erzwungene Biegung im Bereich $0 \leq x \leq \left(R + \frac{h}{2}\alpha\right)$
Freie elastisch-plastische Biegung im Bereich $0 \leq x_1 \leq x_{1_{Pl}}$
Freie elastische Biegung im Bereich $x_{1_{Pl}} \leq x_1 \leq \delta H_0$

Das Belastungsschema ergibt sich nach Abb. 4:

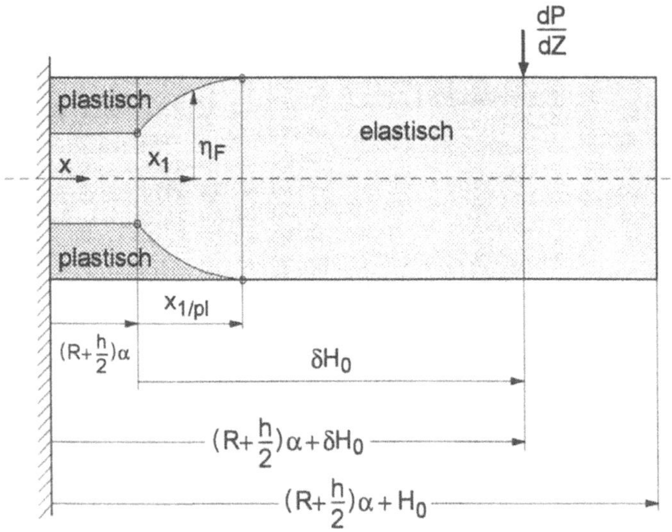

Abb. 4. Vorgegebener Biegeradius im Bereich $0 \leq x \leq \left(R + \frac{h}{2}\right)\alpha$

Freie elastisch-plastische Biegung im Bereich $0 \leq x_1 \leq x_{1_{Pl}}$,

Freie elastische Biegung im Bereich $x_{1_{Pl}} \leq x_1 \leq \delta H_0$.

In Anlehnung an die vorangegangenen Ausführungen erhält man:

$$\frac{dP}{dZ} = \frac{\sigma_0\left(1 - \frac{m}{E}\right)\left(\frac{3}{4}h^2 - \frac{\sigma_0^2}{E^2}\left(R + \frac{h}{2}\right)^2\right)}{3\delta H_0}$$

$$\frac{\sigma_0 h^2\left(1 - \frac{m}{E}\right)}{6\delta H_0} \leq \frac{dP}{dZ} \leq \frac{\sigma_0 h^2\left(1 - \frac{m}{E}\right)}{4\delta H_0}$$

$$\eta_{F(x_1=0)} = \sqrt{\frac{3}{4}h^2 - \frac{3}{\sigma_0}\frac{dP}{dZ}\frac{\delta H_0}{\left(1-\frac{m}{E}\right)}}$$

$$\left(\frac{dW}{dZ}\right)_1 = \frac{\sigma_0 h^2 \alpha}{4}\left(1 - \frac{m}{E} + \frac{mh}{6\sigma_0\left(R+\frac{h}{2}\right)}\right) \qquad 0 \le x \le \left(R + \frac{h}{2}\right)\alpha$$

$$\left(\frac{dW}{dZ}\right)_2 = \frac{2}{3}\frac{\sigma_0^3 h^2}{E\frac{dP}{dZ}}\left\{\frac{\left(1-\frac{m}{E}\right)}{4}\left(\frac{h}{2} - \eta_{F(x_1=0)}\right) + \frac{mh}{24E}\ln\left(\frac{h}{2\eta_{F(x_1=0)}}\right) - \right.$$

$$\left. - \frac{2}{9}\frac{\left(1-\frac{m}{E}\right)}{h^2}\left(\frac{h^3}{8} - \eta^3_{F(x_1=0)}\right)\right\} \qquad 0 \le x_1 \le x_{1_{Pl}}$$

$$\left(\frac{dW}{dZ}\right)_3 = \frac{\sigma_0^3 h^3}{108\,E\frac{dP}{dZ}} \qquad x_{1_{Pl}} \le x_1 \le \delta H_0$$

$$\frac{dW}{dZ} = \left(\frac{dW}{dZ}\right)_1 + \left(\frac{dW}{dZ}\right)_2 + \left(\frac{dW}{dZ}\right)_3.$$

Die abgeleiteten Beziehungen für die Biegearbeit um den Biegeradius $\left(\rho_3 + \frac{h}{2}\right)$ wurden folgend zusammengefaßt für einen Schenkel ohne Reibung:

$$C_1 = \frac{\sigma_0 h^2}{4}\left[1 - \frac{m}{E} + \frac{mh}{6\sigma_0\left(\rho_3+\frac{h}{2}\right)}\right]$$

$$\eta_{F_{x_1=0}} = \frac{\sigma_0}{E}\left(\rho_3 + \frac{h}{2}\right)$$

$$C_2 = \frac{2}{3}\frac{\sigma_0^3 h^2}{E}\left\{\frac{\left(1-\frac{m}{E}\right)}{4}\left(\frac{h}{2} - \eta_{F_{x_1=0}}\right) + \frac{mh}{24E}\ln\left(\frac{h}{2\eta_{F_{x_1=0}}}\right) - \frac{2}{9}\frac{\left(1-\frac{m}{E}\right)}{h^2}\left(\frac{h^3}{8} - \eta^3_{F_{x_1=0}}\right)\right\}$$

$$C_3 = \sigma_0\left(1 - \frac{m}{E}\right)\left(\frac{h^2}{4} - \frac{\sigma_0^2}{3E^2}\left(\rho_3 + \frac{h}{2}\right)^2\right)$$

$$C_4 = \frac{\sigma_0^3 h^3}{108\,E}$$

Z = Blechbreite

B_0 = Ausgangsblechlänge

h = Blechdicke.

Damit werden:

$$\frac{dP}{dZ} = \frac{C_3}{\delta H_0}$$

$$\left(\frac{dW}{dZ}\right)_1 = \alpha_x C_1$$

$$\left(\frac{dW}{dZ}\right)_2 = \frac{C_2 \delta H_0}{C_3}$$

$$\left(\frac{dW}{dZ}\right)_3 = \frac{C_4 \delta H_0}{C_3}.$$

Die gesamte Hinbiegearbeit für einen Schenkel somit (reibungsfrei):

$$\left(\frac{dW}{dZ}\right)_B = C_1 \alpha x + \frac{\delta H_0}{C_3}(C_2 + C_4).$$

Die gesamte Hinbiegearbeit für zwei Schenkel daher (reibungsfrei):

$$\left(\frac{dW}{dZ}\right)_B = 2\left(C_1 \alpha_x + \delta H_0 \frac{(C_2 + C_4)}{C_3}\right).$$

Dieses Grundbelastungsschema (s. Abb. 5) tritt bei allen Fällen, die beschrieben werden, auf, während je nach spezifischem Anwendungsfall unterschiedliche Reibungskomponenten und geometrische Beziehungen für δH_0, dem Hebelarm der angreifenden Biegekraft, ermittelt werden.

Im folgenden Teil werden einige Anwendungen der theoretischen Vorstellungen beschrieben.

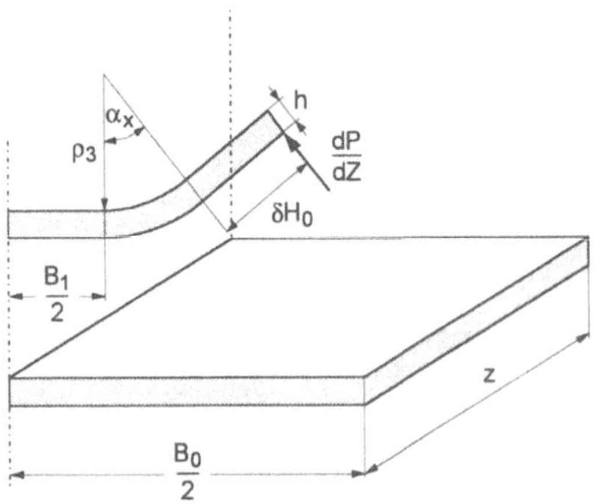

Abb. 5. Grundschema: Ausgangsabmessungen B_0, Z, h

5. Pressen von Winkeln ∨

$\alpha_x \leq \alpha_{x_{max}}$

$s \leq s_{max}$

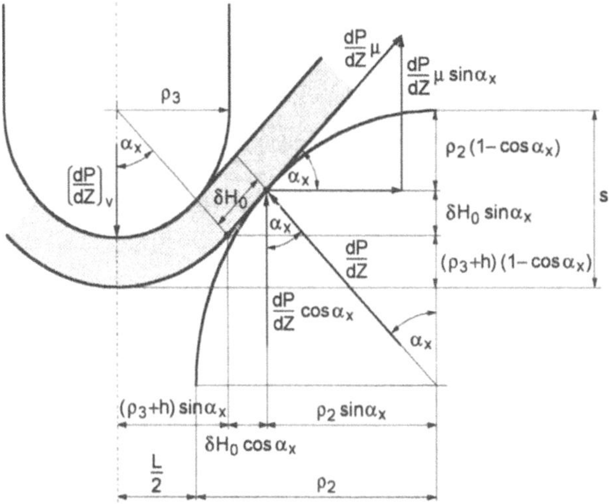

Abb. 6. Belastungsschema beim Pressen von Winkeln

5.1 Bestimmungen von δH_0

Der Schenkel wird vereinfacht als biegesteif angesehen.

$$\frac{L}{2} + \rho_2 = (\rho_3 + h)\sin\alpha_x + \delta H_0 \cos\alpha_x + \rho_2 \sin\alpha_x$$

$$\delta H_0 = \frac{\left(\frac{L}{2} + \rho_2\right) - (\rho_2 + \rho_3 + h)\sin\alpha_x}{\cos\alpha_x}$$

5.2 Bestimmung des Stempelweges s

$$s = (\rho_2 + \rho_3 + h)(1 - \cos\alpha_x) + \delta H_0 \sin\alpha_x.$$

Nach Einsetzen von δH_0 erhält man:

$$s = (\rho_2 + \rho_3 + h)\left(1 - \frac{1}{\cos\alpha_x}\right) + \tan\alpha_x\left(\frac{L}{2} + \rho_2\right).$$

5.3 Bestimmung des maximal möglichen Weges s_{max} und maximal möglichen Biegewinkels α_{max}

Der maximal mögliche Weg wird dann erreicht, wenn $\delta H_0 = 0$

$$\frac{L}{2} + \rho_2 = \sin\alpha_{x_{max}}(\rho_2 + \rho_3 + h)$$

$$\sin\alpha_{x_{max}} = \frac{\left(\frac{L}{2} + \rho_2\right)}{(\rho_2 + \rho_3 + h)}$$

$$\cos\alpha_{x_{max}} = \sqrt{1 - \sin^2\alpha_{x_{max}}} = \sqrt{1 - \frac{\left(\frac{L}{2} + \rho_2\right)^2}{(\rho_2 + \rho_3 + h)^2}}$$

$$s_{max} = (\rho_2 + \rho_3 + h)\left(1 - \sqrt{1 - \frac{\left(\frac{L}{2} + \rho_2\right)^2}{(\rho_2 + \rho_3 + h)^2}}\right).$$

5.4 Bestimmung von $\frac{ds}{d\alpha_x}$

Die Ableitung von s nach α_x ergibt:

$$\frac{ds}{d\alpha_x} = \frac{1}{\cos^2\alpha_x}\left(\left(\frac{L}{2} + \rho_2\right) - (\rho_2 + \rho_3 + h)\sin\alpha_x\right).$$

5.5 Bestimmung der gesamten Hinbiegearbeit mit Reibung

Aus der Kraftzerlegung erkennt man für die Vertikalkomponenten und einen Schenkel

$$\left(\frac{dP}{dZ}\right)_{B+R} = \left(\frac{dP}{dZ}\right)(\cos\alpha_x + \mu\sin\alpha_x).$$

Dabei ist:

$$\left(\frac{dP}{dZ}\right)_B = \frac{dP}{dZ}\cos\alpha_x$$

$$\left(\frac{dP}{dZ}\right)_R = \frac{dP}{dZ}\mu\sin\alpha_x.$$

Somit:

$$\left(\frac{dP}{dZ}\right)_{B+R} = \left(\frac{dP}{dZ}\right)_B + \left(\frac{dP}{dZ}\right)_R$$

$$\frac{\left(\frac{dP}{dZ}\right)_{B+R}}{\left(\frac{dP}{dZ}\right)_B} = 1 + \mu\tan\alpha_x.$$

Dabei stehen die Symbole „B" für Biegung ohne Reibung, „R" für Reibung und „B + R" für Biegung mit Reibung.

Da der Stempelweg durch Einbeziehung der Reibungsanteile sich nicht verändert, die Arbeit aus Kraft × Weg besteht, läßt sich die abgeleitete Beziehung für die Kräfte, auch auf die Biegearbeit anwenden und man erhält:

$$\left(\frac{dW}{dZ}\right)_{B+R} = \left(\frac{dW}{dZ}\right)_B (1 + \mu\tan\alpha_x).$$

Setzt man den bereits ermittelten Ausdruck für die Biegearbeit ohne Reibung für zwei Schenkel ein, erhält man:

$$\left(\frac{dW}{dZ}\right)_{B+R} = 2\left(C_1\alpha_x + \delta H_0\frac{(C_2 + C_4)}{C_3}\right)\quad(1 + \mu\tan\alpha_x).$$

Nach Einsetzen von δH_0:

$$\left(\frac{dW}{dZ}\right)_{B+R} = 2\left\{C_1\alpha_x + \frac{(C_2 + C_4)}{C_3}\left[\frac{\left(\frac{L}{2} + \rho_2\right) - (\rho_2 + \rho_3 + h)\sin\alpha_x}{\cos\alpha_x}\right]\right\}(1 + \mu\tan\alpha_x)$$

$$\left(\frac{dW}{dZ}\right)_{B+R} = \left(\frac{W}{Z}\right)_{B+R}.$$

5.6 Ermittlung von $d\left(\frac{\frac{dW}{dZ}}{d\alpha_x}\right)$

Die Ableitung der gesamten Biegearbeit nach α_x ergibt:

$$\frac{d\left(\frac{dW}{dZ}\right)_{B+R}}{d\alpha_x}=\frac{2}{\cos^2\alpha_x}\left\{C_1\cos^2\alpha_x+\left(\frac{C_2+C_4}{C_3}\right)\left[\left(\frac{L}{2}+\rho_2\right)\sin\alpha_x-(\rho_2+\rho_3+h)\right]+\right.$$

$$+C_1\mu(\alpha_x+\sin\alpha_x\cos\alpha_x)+\frac{(C_2+C_4)}{C_3}\mu\left[\left(\frac{L}{2}+\rho_2\right)\frac{(1+\sin^2\alpha_x)}{\cos\alpha_x}-\right.$$

$$\left.\left.-2(\rho_2+\rho_3+h)\tan\alpha_x\right]\right\}.$$

5.7 Bestimmung des Stempelkraftverlaufes $\left(\frac{dP}{dZ}\right)_V$

Es ist:

$$\left(\frac{dP}{dZ}\right)_V=\frac{d\left(\frac{dW}{dZ}\right)_{B+R}}{d\alpha_x}\left(\frac{d\alpha_x}{ds}\right)=\left(\frac{P}{Z}\right)_V.$$

Somit:

$$\left(\frac{dP}{dZ}\right)_V=\frac{2}{\left(\frac{L}{2}+\rho_2-(\rho_2+\rho_3+h)\sin\alpha_x\right)}\left\{C_1\cos^2\alpha_x+\right.$$

$$+\left(\frac{C_2+C_4}{C_3}\right)\left[\left(\frac{L}{2}+\rho_2\right)\sin\alpha_x-(\rho_2+\rho_3+h)\right]+C_1\mu(\alpha_x+\sin\alpha_x\cos\alpha_x)+$$

$$\left.+\left(\frac{C_2+C_4}{C_3}\right)\mu\left[\left(\frac{L}{2}+\rho_2\right)\frac{(1+\sin^2\alpha_x)}{\cos\alpha_x}-2(\rho_2+\rho_3+h)\tan\alpha_x\right]\right\}.$$

Da die Blechbreite Z eine Konstante darstellt ist:

$$\left(\frac{dP}{dZ}\right)_V=\left(\frac{P}{Z}\right)_V.$$

5.8 Maximal zulässiger Wert der Stempelkraft

Zur Abschätzung der maximal zulässigen Stempelkraft können die Hertz'schen Gleichungen für Walze mit ebener Platte angewandt werden. Für den maximal möglichen Fall, daß $\alpha_x = \alpha_{x_{max}}$ wird ist:

$$\frac{dP}{dZ} = \frac{1}{2}\left(\frac{dP}{dZ}\right)_v \cos\alpha_{x_{max}}$$

$$\left(\frac{dP}{dZ}\right)_{v_{max}} = \frac{2\left(\frac{dP}{dZ}\right)}{\cos\alpha_{x_{max}}}$$

$$p_{max} = \frac{2}{\pi b}\left(\frac{dP}{dZ}\right) \qquad b^2 = 8\left(\frac{dP}{dZ}\right)\frac{r(1-v^2)}{\pi E} = \frac{8r(1-v^2)}{\pi E}\frac{\cos\alpha_{x_{max}}}{2}\left(\frac{dP}{dZ}\right)_v$$

$$p_{max}\pi b = \left(\frac{dP}{dZ}\right)_{v_{max}} \cos\alpha_{x_{max}}.$$

$$\frac{p_{max}\pi b}{\cos\alpha_{x_{max}}} = \left(\frac{dP}{dZ}\right)_{v_{max}}$$

$$\frac{p_{max}\pi}{\cos\alpha_{x_{max}}}\sqrt{\frac{4r(1-v^2)}{\pi E}\cos\alpha_{x_{max}}\left(\frac{dP}{dZ}\right)_{v_{max}}} = \left(\frac{dP}{dZ}\right)_{v_{max}}$$

$$\left(\frac{dP}{dZ}\right)_{v_{max}} = \frac{4\pi r(1-v^2)p_{max}^2}{E\cos\alpha_{x_{max}}}.$$

Für $p_{max} \leq \sigma_0, v = 0{,}3$ ist:

$$\left(\frac{dP}{dZ}\right)_{v_{max}} \leq \frac{11{,}43 r\sigma_0^2}{E\cos\alpha_{x_{max}}}$$

$$\left(\frac{dP}{dZ}\right)_{v_{max}} \leq \frac{11{,}43 r\sigma_0^2}{E\sqrt{1-\frac{\left(\frac{L}{2}+\rho_2\right)^2}{(\rho_2+\rho_3+h)^2}}} = \left(\frac{P}{Z}\right)_v.$$

5.9 Praktische Messungen

Es wurden Probebleche der Dicken 1,8 bis 7,7 mm zu annähernd 90-gradigen Winkeln $\alpha_x = \alpha = 45°$ in einer Presse erzeugt und entsprechende Kraft-Weg-Diagramme während der Versuche aufgenommen.

Als Versuchwerkstoffe wurden St 37 und St 44 verwendet, von denen Spannungs-Dehnungs-Diagramme zur Ermittlung der Werkstoffparameter σ_0, m aufgenommen wurden.

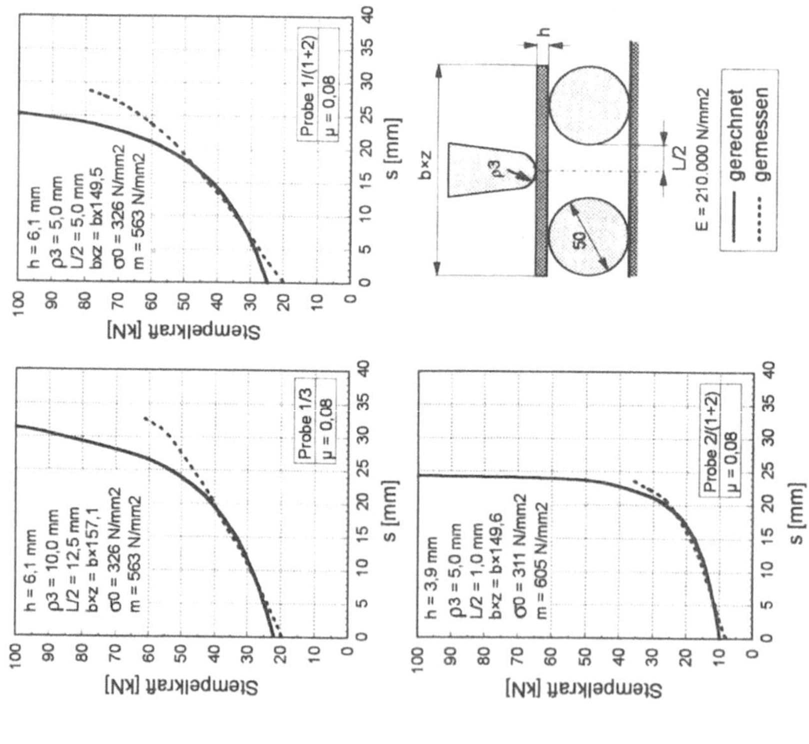

Abb. 7

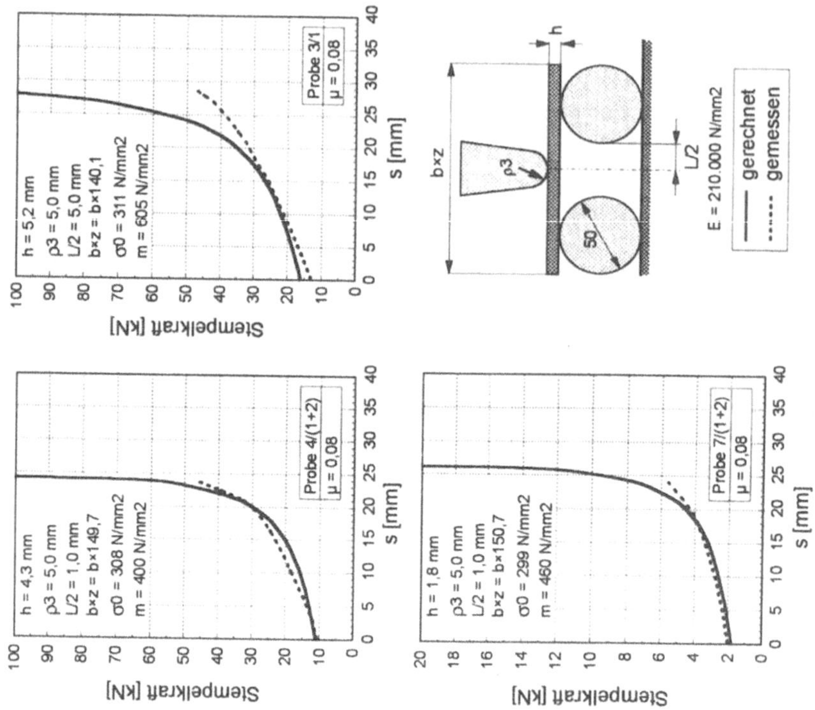

Abb. 8

Abb. 7, 8. Stempelkraftverlauf in Abhängigkeit des Stempelweges (s)

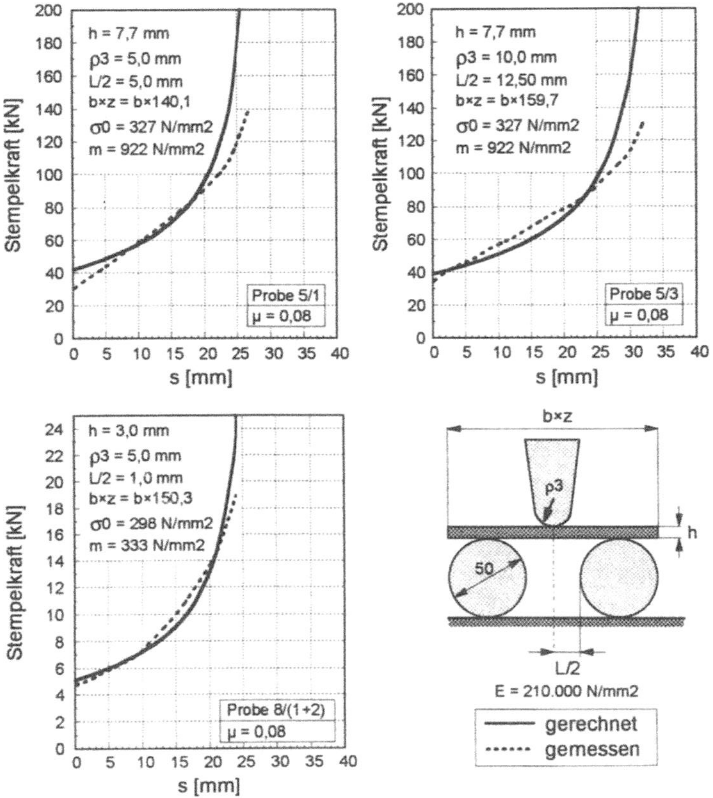

Abb. 9

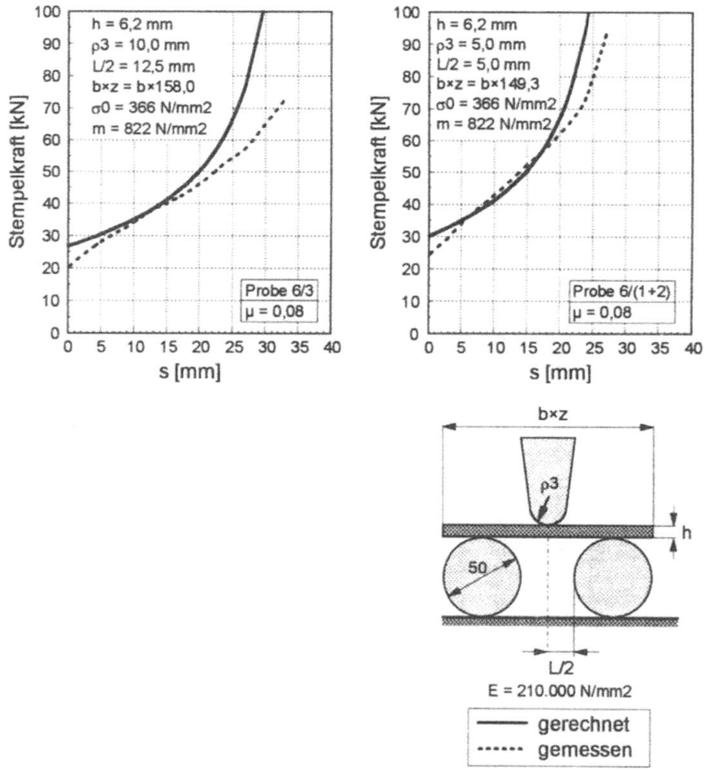

Abb. 10

Abb. 9, 10. Stempelkraftverlauf in Abhängigkeit des Stempelweges (s)

Die Versuche wurden teils mit ungeschmierten Warmbandproben, teils mit emulsionsgeschmierten (95% Wasser) vorgenommen. Die Abb. 7–10 zeigen die gemessenen und gerechneten Werte.

Man kann daraus die relativ gute Übereinstimmung zwischen den gerechneten und gemessenen Werten erkennen, wenn der Rechnung $\mu = 0{,}08$ zu Grunde gelegt wird.

Die Anwendbarkeit der abgeleiteten Beziehungen ist auf ca. 90% des Endstempelweges begrenzt, da dann die errechneten Kräfte zu große Werte annehmen.

6. Pressen von ⊔-Profilen (ohne Niederhalter) mit großer Schenkellänge

$B_0 \geq L + 2\rho_2 + B_1$

Die folgende Abb. 11 zeigt den angenommenen Umformvorgang. Der Umformvorgang ist dann beendet, wenn der Stempelweg s_{max} erreicht ist. Auf Grund der Annahme eines biegesteifen Schenkels, ist dieser immer als Tangente zum Kreis mit dem Radius ρ_2 anzusehen.

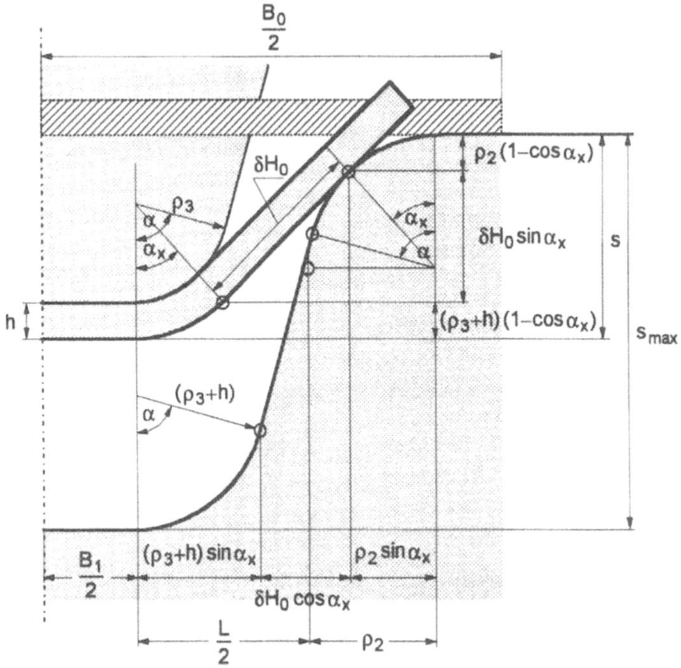

Abb. 11. Belastungsschema beim Pressen von U-Profilen (große Schenkellänge)

Die Rechenergebnisse sind größtenteils identisch mit dem „Pressen von Winkeln" und ergeben für zwei Schenkel:

6.1 Bestimmung von δH_0

$$\delta H_0 = \frac{\left(\frac{L}{2} + \rho_2\right) - (\rho_2 + \rho_3 + h)\sin\alpha_x}{\cos\alpha_x}.$$

6.2 Bestimmung von s

$$s = (\rho_2 + \rho_3 + h)\left(1 - \frac{1}{\cos\alpha_x}\right) + \tan\alpha_x\left(\frac{L}{2} + \rho_2\right).$$

6.3 Bestimmung von s_{max}

$$\alpha_x = \alpha$$

$$s_{max} = (\rho_2 + \rho_3 + h)\left(1 - \frac{1}{\cos\alpha}\right) + \tan\alpha\left(\frac{L}{2} + \rho_2\right).$$

6.4 Bestimmungen $\frac{ds}{d\alpha_x}$

$$\frac{ds}{d\alpha_x} = \frac{1}{\cos^2\alpha_x}\left(\left(\frac{L}{2} + \rho_2\right) - (\rho_2 + \rho_3 + h)\sin\alpha_x\right).$$

6.5 Bestimmung der Hinbiegearbeit mit Reibung

$$\left(\frac{dW}{dZ}\right)_{B+R} = 2\left\{C_1\alpha_x + \frac{(C_2 + C_4)}{C_3}\left[\frac{\left(\frac{L}{2} + \rho_2\right) - (\rho_2 + \rho_3 + h)\sin\alpha_x}{\cos\alpha_x}\right]\right\}(1 + \mu\tan\alpha_x)$$

$$\left(\frac{dW}{dZ}\right)_{B+R} = \left(\frac{W}{Z}\right)_{B+R}.$$

6.6 Bestimmung des Stempelkraftverlaufes

$$\left(\frac{dP}{dZ}\right)_V = \frac{d\left(\frac{dW}{dZ}\right)_{B+R}}{d\alpha_x}\left(\frac{d\alpha_x}{ds}\right)$$

$$\left(\frac{dP}{dZ}\right)_v = \frac{2}{\left(\frac{L}{2} + \rho_2 - (\rho_2 + \rho_3 + h)\sin\alpha_x\right)} \left\{ C_1 \cos^2\alpha_x + \right.$$

$$+ \left(\frac{C_2 + C_4}{C_3}\right)\left[\left(\frac{L}{2} + \rho_2\right)\sin\alpha_x - (\rho_2 + \rho_3 + h)\right] +$$

$$+ C_1 \mu(\alpha_x + \sin\alpha_x \cos\alpha_x) +$$

$$\left. + \left(\frac{C_2 + C_4}{C_3}\right)\mu\left[\left(\frac{L}{2} + \rho_2\right)\frac{(1 + \sin^2\alpha_x)}{\cos\alpha_x} - 2(\rho_2 + \rho_3 + h)\tan\alpha_x\right]\right\} =$$

$$= \left(\frac{P}{Z}\right)_v .$$

6.7 Praktische Versuche

Es wurden Blechproben im Dickenbereich 2,05 bis 7,3 mm an Pressen zu Trapezen verformt.

Bei der Beobachtung der Versuche konnte man erkennen, daß der Blechbereich unter dem Oberwerkzeug während der Umformung Krümmungsradien aufwies, die nach dem angenommenen Belastungsschema des einseitig eingespannten Trägers nicht auftreten dürften. Gegen Ende der Umformung waren diese gekrümmten Flächen wieder verschwunden, gleichzeitig wurde ein starker Anstieg der Stempelkraft festgestellt.

Die Gründe für den Kraftanstieg am Verformungsende sind:

- Gegen Verformungsende kommt es zum Kraftschluß zwischen Ober- und Unterwerkzeug und Blechwerkstoff, wodurch ein Kraftanstieg bewirkt wird, der bis zur Grenze der Maschinenbelastung gehen kann, ohne daß am Biegevorgang weitere Veränderungen auftreten. Jede Maschine hat ihre eigene Federkonstante.
- Die während des Biegevorganges auftretende Krümmung des Werkstoffes unter der Berührungsfläche mit dem Oberwerkzeug, muß bei Berührung mit dem Unterwerkzeug durch zusätzlichen Kraftaufwand wieder aufgehoben werden. Zur Beschreibung dieses Gegenbiegevorganges reicht das Modell des einseitig eingespannten Trägers nicht aus, es muß durch das folgende ersetzt werden.

6.7.1 Der zweifach gelagerte Kragträger mit je einer Einzellast am Kragende

In Abb. 12 ist das anzuwendende Belastungsmodell zusammengestellt. Für den Bereich, der während der Belastung auftretenden Krümmung im Bereich des Oberwerkzeuges ist der Bereich $0 \leq x \leq b$ maßgebend. Die folgenden Ausführungen beziehen sich daher ausschließlich auf diesen Bereich.

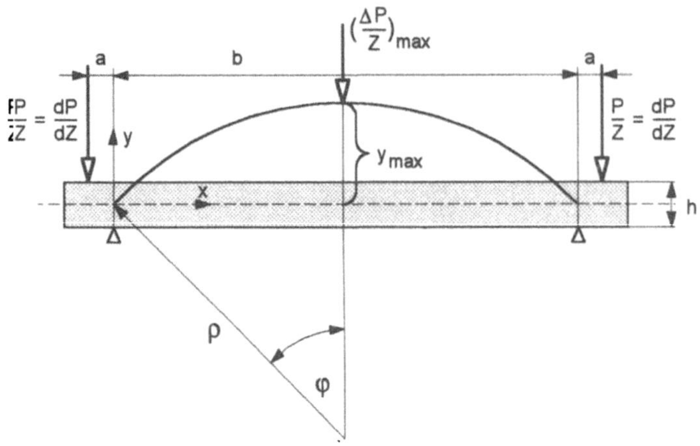

Abb. 12. Belastungsschema mit eingezeichneter Durchbiegungslinie. Belastungskräfte $\frac{P}{Z}$. Zusätzliche Stempelkrafterhöhung $\left(\frac{\Delta P}{Z}\right)_{max}$

6.7.2 Ermittlung der Hinbiegearbeit für den plastischen Bereich $\eta_F \le h \le \frac{h}{2}$

$$\frac{dW}{dV} = \int_0^{\sigma_0} \sigma_{el} d\varepsilon + \int_{\sigma_0}^{\sigma_{Pl}} \sigma_{Pl} d\varepsilon$$

$$\frac{dW}{dV} = E \int_0^{\varepsilon_0} \varepsilon d\varepsilon + \sigma_0 \left(1 - \frac{m}{E}\right) \int_{\varepsilon_0}^{\varepsilon} d\varepsilon + m \int_{\varepsilon_0}^{\varepsilon} \varepsilon d\varepsilon.$$

Mit

$$dV = 2\,dz\,dx\,d\eta$$

$$\varepsilon = \frac{\eta}{\rho}$$

$$d\varepsilon = \frac{d\eta}{\rho}$$

$$\eta_F = \frac{\sigma_0}{E}\rho$$

erhält man

$$\frac{dW}{dZ} = 2\,dx \left(\frac{\sigma_0^2}{2E} \int_{\eta_F}^{h/2} d\eta + \sigma_0 \left(1 - \frac{m}{E}\right) \int_{\eta_F}^{h/2} \left(\frac{h}{\rho} - \frac{\sigma_0}{E}\right) d\eta + \frac{m}{2} \int_{\eta_F}^{h/2} \left(\frac{\eta^2}{\rho^2} - \frac{\sigma_0^2}{E^2}\right) d\eta \right).$$

Nach Integration

$$\frac{dW}{dZ} = 2\sigma_0 b \left[\frac{\left(1 - \frac{m}{E}\right)}{2\rho} \left(\frac{h^2}{4} - \eta_F^2\right) - \frac{\sigma_0}{2E}\left(1 - \frac{m}{E}\right)\left(\frac{h}{2} - \eta_F\right) + \frac{m}{6\sigma_0 \rho^2}\left(\frac{h^3}{8} - \eta_F^3\right)\right].$$

6.7.3 *Ermittlung der Hinbiegearbeit für den elastischen Bereich* $0 \leq \eta \leq \eta_F$

$$\frac{dW}{dV} = \sigma_{el} \int d\varepsilon = E \int \varepsilon \, d\varepsilon = E \frac{\varepsilon^2}{2}$$

$$\frac{dW}{dZ} = \frac{dx\,E}{\rho^2} \int_0^{\eta_F} \eta^2 \, d\eta$$

$$\frac{dW}{dZ} = \frac{b\sigma_0^3 \rho}{3E^2}.$$

6.7.4 *Hinbiegearbeit im elastischen und plastischen Bereich* $0 \leq x \leq b$

$$\frac{dW}{dZ} = \sigma_0 b \left[\frac{\rho \sigma_0^2}{3E^2} + \frac{\left(1 - \frac{m}{E}\right)}{\rho} \left(\frac{h^2}{4} - \frac{\sigma_0^2 \rho^2}{E^2}\right) - \frac{\sigma_0}{E}\left(1 - \frac{m}{E}\right)\left(\frac{h}{2} - \frac{\sigma_0 \rho}{E}\right) + \right.$$

$$\left. + \frac{m}{3\sigma_0 \rho^2}\left(\frac{h^3}{8} - \frac{\sigma_0^3 \rho^3}{E^3}\right)\right].$$

ρ ist über die Länge $0 \leq x \leq b$ konstant.

6.7.5 *Ermittlung von* ρ *und* η_F

Da

$$\rho = \frac{E\eta_F}{\sigma_0} \qquad \frac{b}{2} \leq \rho \leq \frac{Eh}{2\sigma_0}$$

erhält man aus der Gleichheit des inneren und äußeren Biegemomentes im Bereich $0 \leq x \leq b$

$$\eta_F = \sqrt{3\left(\frac{h^2}{4} - \left(\frac{P}{Z}\right)\frac{a}{\sigma_0}\right)}.$$

6.7.6 Bestimmung von y, y', y'' *im Bereich* $0 \leq x \leq b$

$$y'' = \frac{1}{\rho} = \frac{\varepsilon}{\eta} = \frac{\sigma_0}{E\eta_F}$$

nach Einsetzen von η_F

$$y'' = \frac{\sigma_0}{\sqrt{3}E\sqrt{\frac{h^2}{4} - \left(\frac{P}{Z}\right)\frac{a}{\sigma_0}}} = \frac{1}{\rho}.$$

$$y' = \frac{\sigma_0 x}{\sqrt{3}E\sqrt{\frac{h^2}{4} - \left(\frac{P}{Z}\right)\frac{a}{\sigma_0}}} + C_1$$

$$y = \frac{\sigma_0 x^2}{2\sqrt{3}E\sqrt{\frac{h^2}{4} - \left(\frac{P}{Z}\right)\frac{a}{\sigma_0}}} + C_1 x + C_2.$$

Aus den Randbedingungen

$x = 0 \qquad y = 0$

$x = \frac{b}{2} \qquad y' = 0$

erhält man

$$C_1 = \frac{-\sigma_0 b}{2\sqrt{3}E\sqrt{\frac{h^2}{4} - \left(\frac{P}{Z}\right)\frac{a}{\sigma_0}}}$$

$C_2 = 0.$

An der Stelle $x = \frac{b}{2}$ ist $y = y_{max}$

$$y_{max} = \frac{-\sigma_0 b^2}{8\sqrt{3}E\sqrt{\frac{h^2}{4} - \left(\frac{P}{Z}\right)\frac{a}{\sigma_0}}} = -\frac{b^2}{8\rho}.$$

6.7.7 Ermittlung der mittleren zusätzlichen Stempelkraft am Verformungsende ΔP_{max_1}

Zum Ausgleich der Durchbiegungskurve am Ende der Verformung ist eine zusätzliche Stempelkraft $\left(\frac{\Delta P}{Z}\right)_{max_1}$ erforderlich. Der vom Stempel dafür zurückzulegende Weg entspricht y_{max}, die auszugleichende Biegearbeit $\frac{dW}{dZ}$.

Somit erhält man:

$$(\Delta P)_{max_1} = \left(\frac{dW}{dZ}\right) \frac{Z}{|y_{max}|}.$$

6.7.8 *Ermittlung der mittleren zusätzlichen Stempelkraft am Verformungsende* ΔP_{max_2}

Neben der zusätzlichen Stempelkraft ΔP_{max_1}, um die Durchbiegung zu kompensieren, ist eine weitere mittlere zusätzliche Stempelkraft ΔP_{max_2} erforderlich, da die Trägerlänge durch die Gegenbiegung kürzer wird, und die Überlänge um $\rho_3 + \frac{h}{2}$ hin- und rückgebogen werden muß.

Die Länge des durchgebogenen Trägers im Bereich $0 \leq x \leq b$ beträgt $2\rho\varphi$. Die Länge des Trägers nach Rückbiegung im Bereich $0 \leq x \leq b$ beträgt $2\rho \sin \varphi$. Die Differenz der Trägerlänge im Bereich $0 \leq x \leq b$ ist daher $\Delta = 2\rho(\varphi - \sin \varphi)$.

Die für die Trägerlänge Δ erforderliche Hin- und Rückbiegearbeit

$$\frac{dW}{dZ} = \frac{\sigma_0 h^2}{4\left(\rho_3 + \frac{h}{2}\right)} \Delta \left[1 - \frac{m}{E} + \frac{mh}{6\sigma_0\left(\rho_3 + \frac{h}{2}\right)}\right].$$

Der dabei zurückgelegte Stempelweg beträgt y_{max}.

Somit wird

$$\Delta P_{max_2} = \frac{dW}{dZ} \frac{z}{|y_{max}|}.$$

Dabei ist $\varphi = \text{arc.tan}\left(\frac{b}{2\rho}\right)$

$$\sin \varphi = \frac{b}{2\sqrt{\rho^2 + \frac{b^2}{4}}}.$$

6.7.9 *Gesamte zusätzliche Stempelkraft am Verformungsende* ΔP_{max}

Ohne dabei auftretende Reibungseinflüsse zu berücksichtigen beträgt die zusätzliche Stempelkraft am Verformungsende (Weg $\cong y_{max}$)

$$\Delta P_{max} = \Delta P_{max_1} + \Delta P_{max_2}.$$

6.7.10 Vergleich mit Meßwerten

Die in den Abb. 14–17 dargestellten Meß- und Rechenwerte zeigen brauchbare Übereinstimmung für einen Großteil des Stempelweges. Der dabei angewandte Reibungskoeffizient ist dabei für Wasser/Öl-Emulsion in Abb. 13 dargestellt, aus dem auch eine gewisse Abhängigkeit vom Mittenrauhwert der Probenoberfläche (R_a) abgeleitet werden kann. In Abb. 16 (linkes oberes Teilbild) ist überdies beispielhaft als Balken der mittlere Kraftanstieg am Verformungsende ΔP_{max} eingetragen, wie er aus Kapitel 6.7 ermittelt werden kann. Die Ermittlung von ΔP_{max} wurde bei allen Versuchen vorgenommen. Als Grobaussage ergab sich ein rechenbarer mittlerer Kraftanstieg am Verformungsende, der doppelt so große Stempelkraftwerte aufwies, als die während des normalen Biegevorganges auftretende größte Kraft. Dies steht in guter Übereinstimmung mit der Angabe von H. Mäkelt[(2)], der dafür eine 2 – 2,5 fache Erhöhung der maximalen Biegekraft angibt.

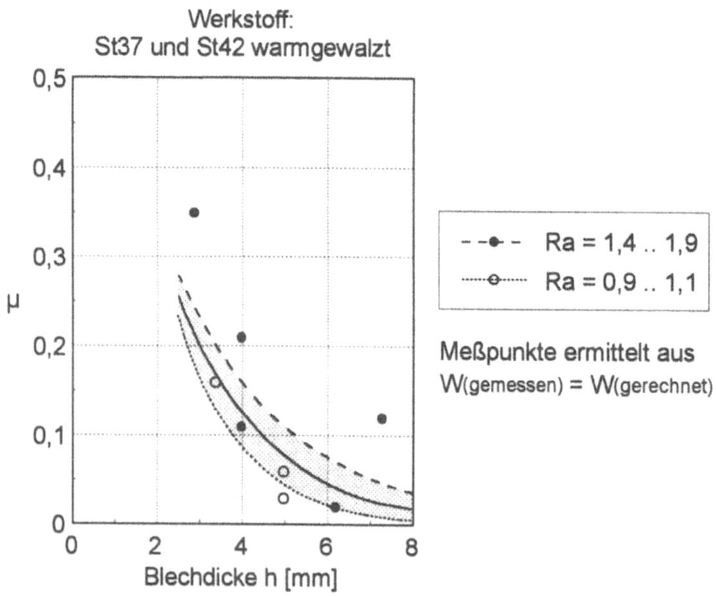

Abb. 13. Reibungskoeffizient in Abhängigkeit der Blechdicke (h) und des Mittenrauhwertes (Ra)

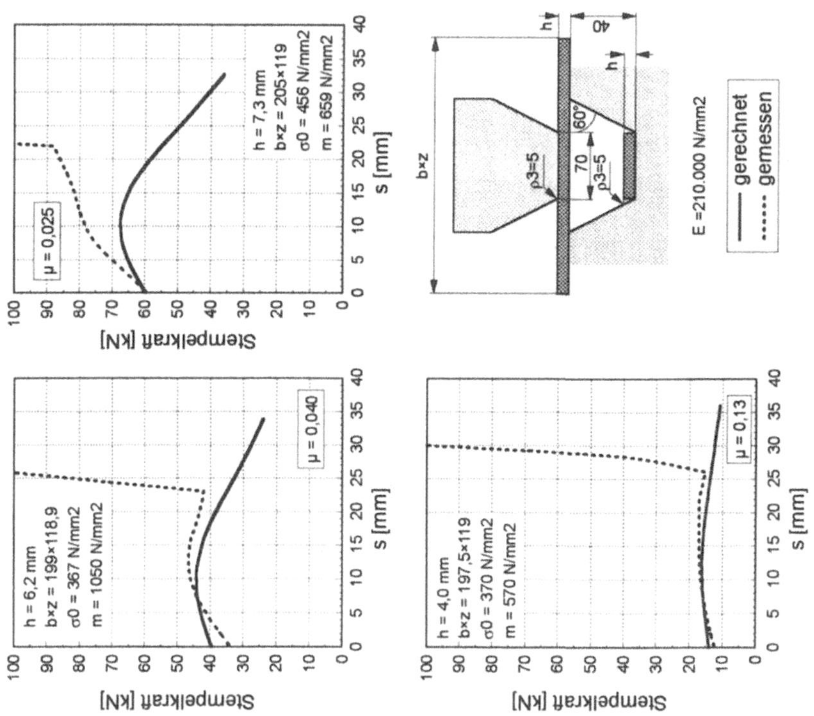

Abb. 15

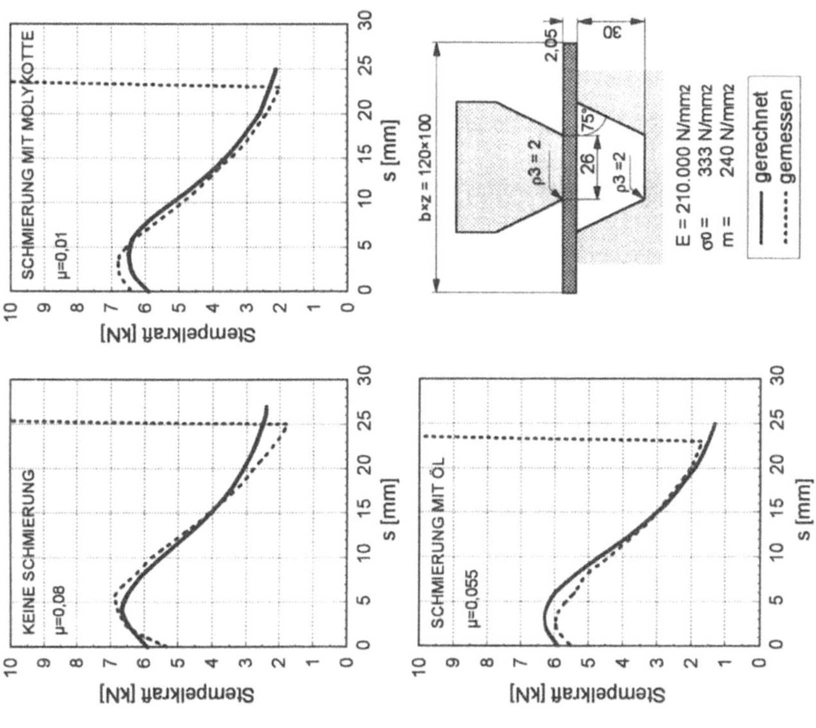

Abb. 14

Abb. 14, 15. Stempelkraftverlauf in Abhängigkeit des Stempelweges (s)

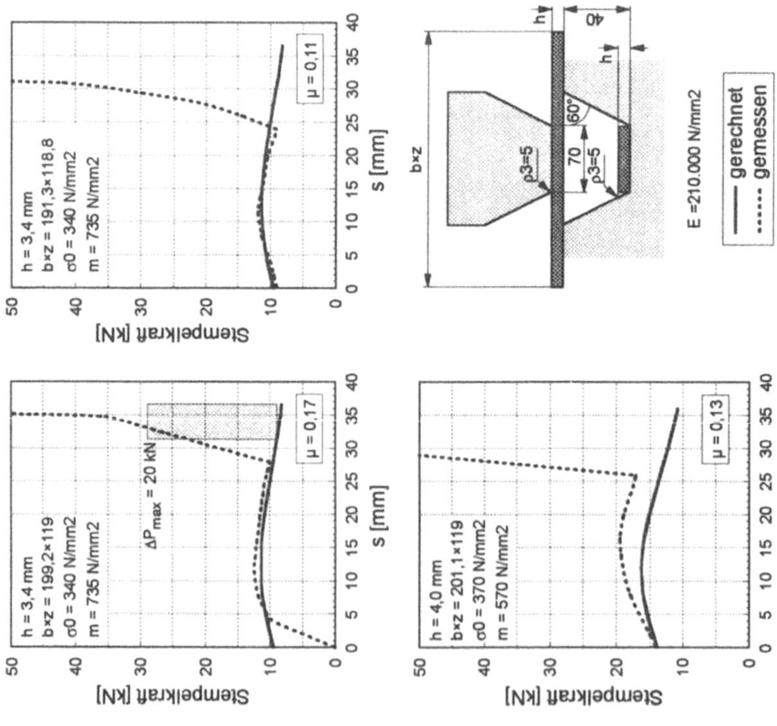

Abb. 16

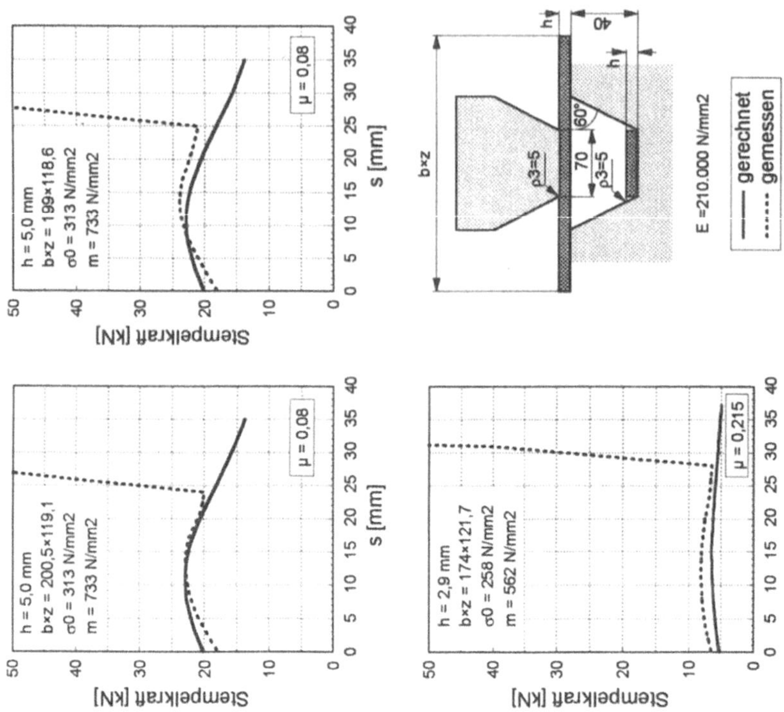

Abb. 17

Abb. 16, 17. Stempelkraftverlauf in Abhängigkeit des Stempelweges (s)

7. Pressen von Trapezprofilen _/ (mit Niederhalter) für zwei Schenkel

Abbildung 18 illustriert das Belastungsschema für Pressen von U-Profilen mit Niederhalter.

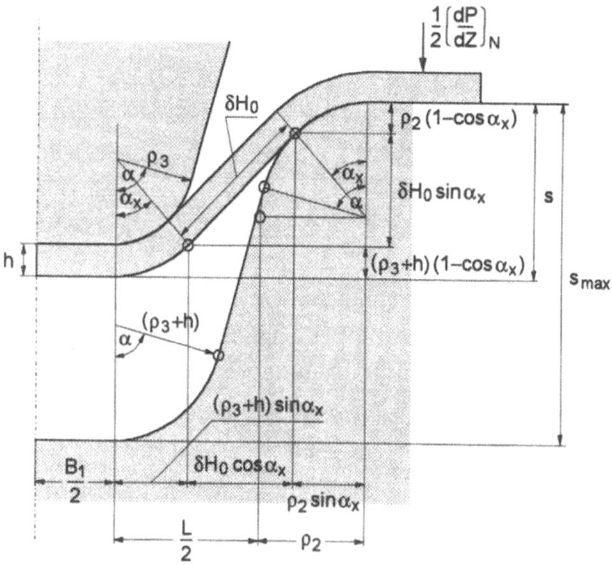

Abb. 18. Belastungsschema für Pressen von U-Profilen mit Niederhalter

7.1 Bestimmung von δH_0

$$\delta H_0 = \frac{\frac{L}{2} + \rho_2 - (\rho_2 + \rho_3 + h)\sin\alpha_x}{\cos\alpha_x}.$$

7.2 Bestimmung von s

$$s = (\rho_2 + \rho_3 + h)\left(1 - \frac{1}{\cos\alpha_x}\right) + \left(\frac{L}{2} + \rho_2\right)\tan\alpha_x.$$

7.3 Bestimmung von $\frac{ds}{d\alpha_x}$

$$\frac{ds}{d\alpha_x} = \frac{1}{\cos^2 \alpha_x}\left\{\left(\frac{L}{2} + \rho_2\right) - (\rho_2 + \rho_3 + h)\sin\alpha_x\right\}.$$

7.4 Bestimmung von $\delta H_{0_{min}}$ und $\alpha_{x_{min}}$

Es sind 2 Bereiche zu unterscheiden:

Der Bereich $0 < \alpha_x < \alpha_{x_{min}}$ für Hinbiegung im Bereich ρ_2.
Der Bereich $\alpha_{x_{min}} \leq \alpha_x \leq \alpha$ für Hin- und Rückbiegung im Bereich ρ_2.
Der Grenzwinkel $\alpha_{x_{min}}$ wird aus der Ableitung von δH_0 nach α_x ermittelt.

$$\frac{d(\delta H_0)}{d\alpha_x} = \frac{\left(\frac{L}{2} + \rho_2\right)\sin\alpha_x - (\rho_2 + \rho_3 + h)}{\cos^2\alpha_x} = 0$$

$$\sin\alpha_{x_{min}} = \frac{\rho_2 + \rho_3 + h}{\left(\frac{L}{2} + \rho_2\right)}.$$

Daraus:

$$\cos\alpha_{x_{min}} = \sqrt{1 - \frac{(\rho_2 + \rho_3 + h)^2}{\left(\frac{L}{2} + \rho_2\right)^2}}.$$

Somit ist:

$$\delta H_{0_{min}} = \sqrt{\left(\frac{L}{2} + \rho_2\right)^2 - (\rho_2 + \rho_3 + h)^2}.$$

7.5 Stempelweg bei Erreichen von $\alpha_{x_{min}}$

Für $\alpha_x = \alpha_{x_{min}}$ erhält man als Stempelweg:

$s_{min} = \rho_2 + \rho_3 + h.$

7.6 Arbeitsermittlung im Bereich $0 \leq \alpha_x \leq \alpha_{x_{min}}$

Es wird vereinfacht nur der Arbeitsanteil berücksichtigt, der im Berührungsbereich der Werkstoffe mit dem Ober- und Unterwerkzeug liegt: $\left(\frac{dW}{dZ}\right)_1$.

Setzt man:

$$C_1^* = \frac{\sigma_0 h^2}{4}\left(1 - \frac{m}{E} + \frac{mh}{6\sigma_0\left(\rho_2 + \frac{h}{2}\right)}\right),$$

erhält man:

$$\frac{dW}{dZ} = \left(\frac{dW}{dZ}\right)_1 = 2(C_1 + C_1^*)\alpha_x(1 + \mu \tan \alpha_x).$$

7.7 Arbeitsermittlung im Bereich $\alpha_{x_{min}} \leq \alpha_x \leq \alpha$

$$\frac{dW}{dZ} = \left(\frac{dW}{dZ}\right)_1 = 2\left\{(C_1 + C_1^*)\alpha_x + 2C_1^* \frac{(\delta H_0 - \delta H_{0_{min}})}{\left(\rho_2 + \frac{h}{2}\right)}\right\}(1 + \mu \tan \alpha_x)$$

$$\frac{dW}{dZ} = \frac{W}{Z}.$$

7.8 Stempelkraftverlauf im Bereich $0 \leq \alpha_x \leq \alpha_{x_{min}}$

$$\left(\frac{dP}{dZ}\right)_V = \frac{d\left(\frac{dW}{dZ}\right)_1}{d\alpha_x} \frac{d\alpha_x}{ds}$$

$$\left(\frac{dP}{dZ}\right)_V = \frac{2(C_1 + C_1^*)[\cos^2 \alpha_x + \mu(\alpha_x + \sin \alpha_x \cos \alpha_x)]}{\left(\frac{L}{2} + \rho_2\right) - (\rho_2 + \rho_3 + h)\sin \alpha_x} = \left(\frac{P}{Z}\right)_V.$$

7.9 Stempelkraftverlauf im Bereich $\alpha_{x_{min}} \leq \alpha_x \leq \alpha$

$$C_6 = \frac{1}{\left(\frac{L}{2} + \rho_2\right) - (\rho_2 + \rho_3 + h)\sin \alpha_x}$$

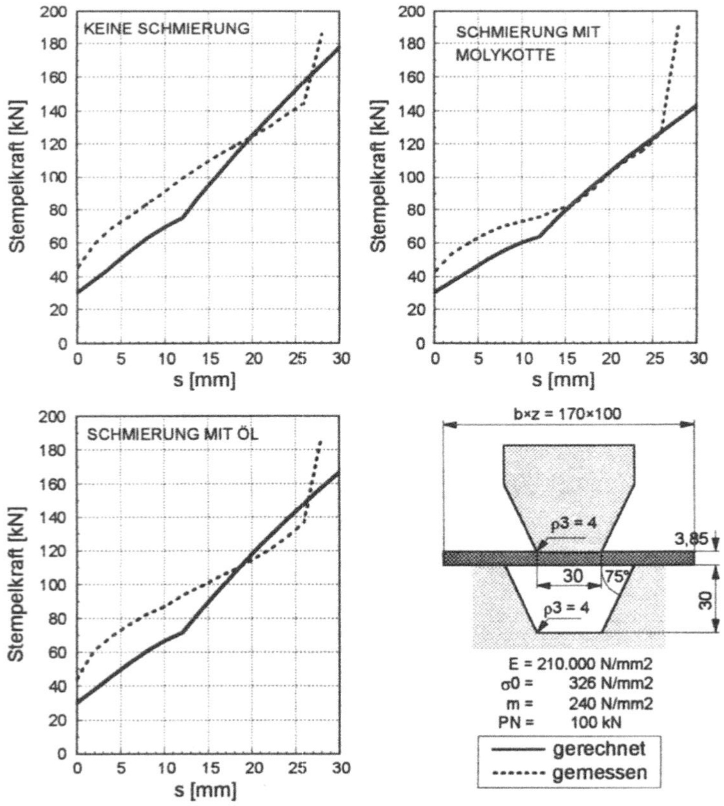

Abb. 19

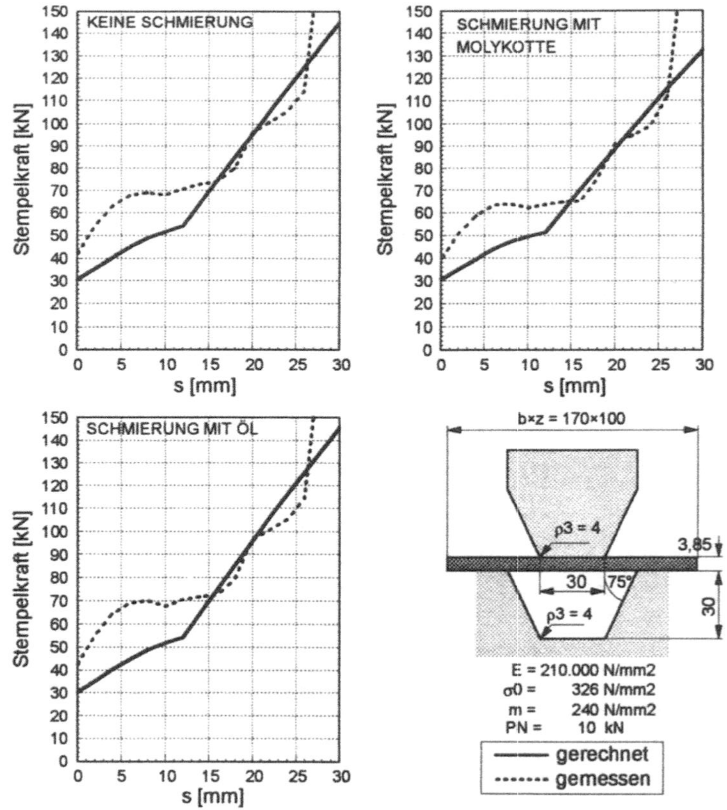

Abb. 20

Abb. 19, 20. Stempelkraftverlauf in Abhängigkeit des Stempelweges (s)

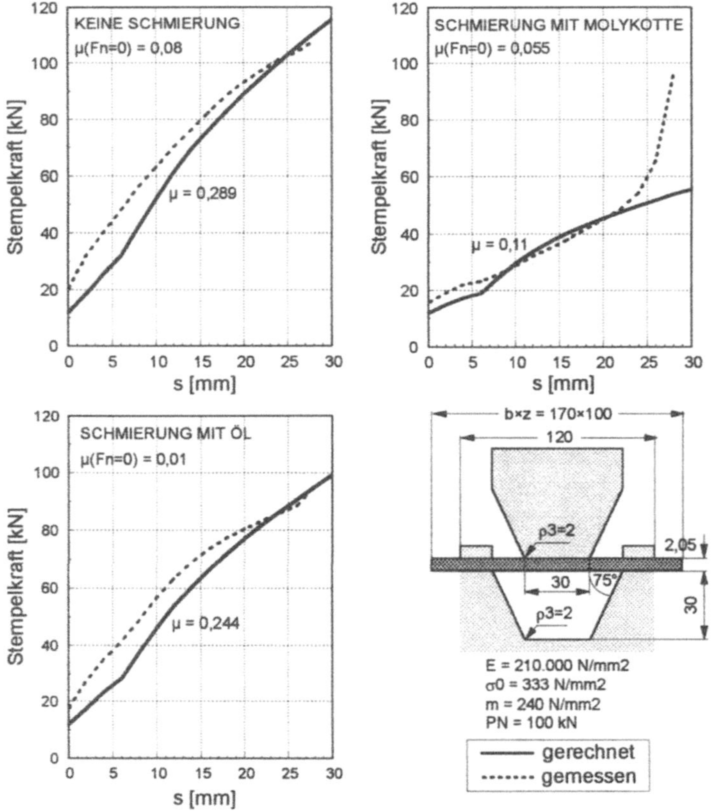

Abb. 21

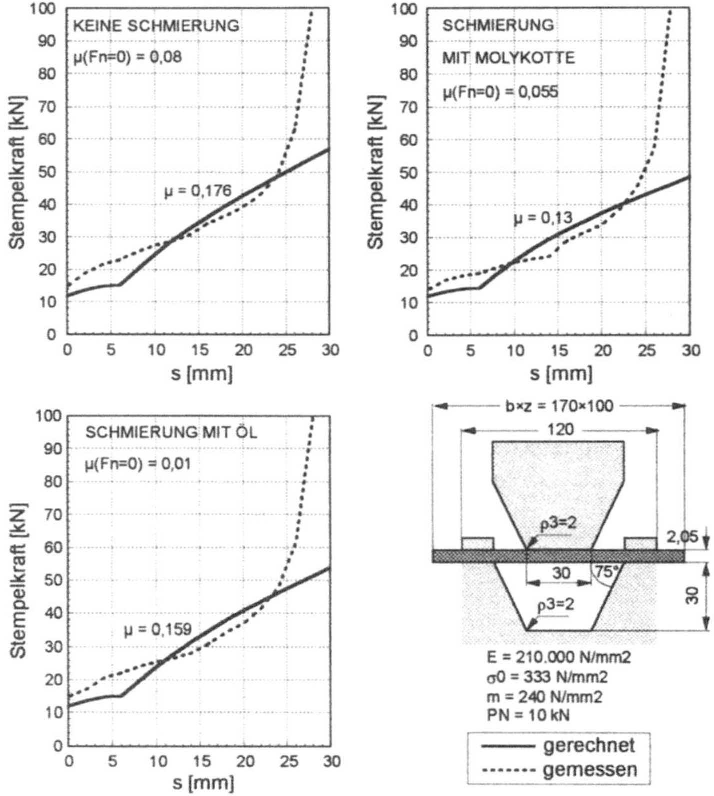

Abb. 22

Abb. 21, 22. Stempelkraftverlauf in Abhängigkeit des Stempelweges (s)

$$\left(\frac{dP}{dZ}\right)_V = C_6\Bigg\{2(C_1 + C_1^*)[\cos^2\alpha_x + \mu(\alpha_x + \tan\alpha_x\cos^2\alpha_x)] +$$

$$+\frac{2C_1^*}{\left(\rho_2+\frac{h}{2}\right)}\left[\left(\frac{L}{2}+\rho_2\right)\sin\alpha_x - (\rho_2+\rho_3+h) +\right.$$

$$\left.+\mu\left(\left(\frac{L}{2}+\rho_2\right)\frac{(1+\sin^2\alpha_x)}{\cos\alpha_x} - 2(\rho_2+\rho_3+h)\tan\alpha_x - \delta H_{0_{min}}\right)\right]\Bigg\}$$

$$=\left(\frac{P}{Z}\right)_V.$$

7.10 Stempelkraft hervorgerufen durch Niederhaltekraft im Bereich $0 \le \alpha_x \le \alpha$

$$\left(\frac{dP}{dZ}\right)_V = \sin\alpha_x\left(\frac{dP}{dZ}\right)_N \mu\, e^{\mu\alpha x} = \left(\frac{P}{Z}\right)_V$$

$$\left(\frac{dP}{dZ}\right)_N = \text{Gesamte bezogene Niederhaltekraft} = \left(\frac{P}{Z}\right)_N.$$

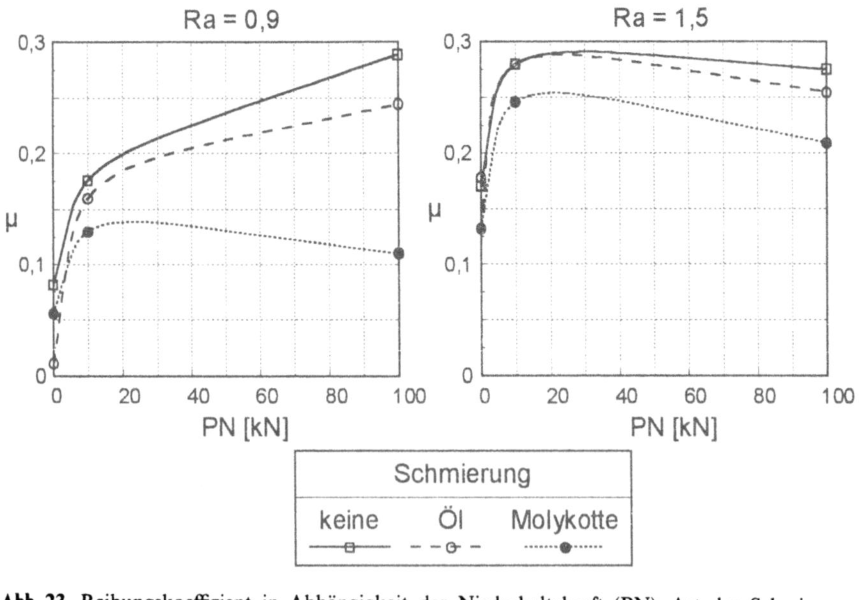

Abb. 23. Reibungskoeffizient in Abhängigkeit der Niederhaltekraft (PN), Art der Schmierung und Mittenrauhigkeit (Ra)

7.11 Vergleich mit praktischen Messungen

Die Abb. 19–22 zeigen den Kraft-Weg-Verlauf der Vergleichsproben mit den Rechenwerten. Die Abhängigkeit des angewendeten Reibungskoeffizienten von der Oberflächenrauhigkeit der Bleche (R_a), der Art des Schmiermittels und der angewandten Niederhaltekraft zeigt Abb. 23.

Dabei wurden Blechdicken von 2,05 und 3,85 mm untersucht.

8. Pressen von U-Profilen (ohne Niederhalter) mit kleiner Schenkellänge

$B_0 < L + B_1 + 2\rho_2(1 - \sin\alpha)$.

8.1 Bestimmung von δH_0

Die Hebelarmlänge δH_0 des angreifenden Biegemomentes wird aus dem Gesetz der Volumskonstanz bestimmt zu:

$$\delta H_0 = \left(\frac{B_0 - B_1}{2}\right) - \left(\rho_3 + \frac{h}{2}\right)\alpha_x.$$

8.2 Bestimmung der Ausgangslage des zu pressenden Bleches

Nach Abb. 24 erkennt man, daß mit s^*_{max} nicht der maximale Stempelweg, sondern die Tiefe des Unterwerkzeuges zu verstehen ist, der maximale Stempelweg wird mit s_{max} bezeichnet.

Die Hilfsgröße s_1 entspricht:

$$s_1 = \left\{\left(\frac{B_0 - B_1}{2}\right) - (\rho_3 + h)\sin\alpha_x - \delta H_0 \cos\alpha_x\right\}\tan\alpha.$$

Der Stempelweg s setzt sich zusammen aus:

$$s = s_1 + \delta H_0 \sin\alpha_x + (\rho_3 + h)(1 - \cos\alpha_x).$$

Nach Einsetzen von s_1 und δH_0 erhält man:

$$s = \left(\frac{B_0 - B_1}{2}\right)[\tan\alpha(1 - \cos\alpha_x) + \sin\alpha_x] +$$

$$+ (\rho_3 + h)[1 - \cos\alpha_x(1 + \tan\alpha\tan\alpha_x)] - \left(\rho_3 + \frac{h}{2}\right)\alpha_x \cos\alpha_x(\tan\alpha_x - \tan\alpha).$$

Daraus erhält man für den maximalen Stempelweg s_{max}:

$$\alpha_x = \alpha$$

$$s_{max} = \left(\frac{B_0 - B_1}{2}\right)\tan\alpha + (\rho_3 + h)\left(1 - \frac{1}{\cos\alpha}\right).$$

Damit ist auch die Ausgangslage des Bleches vor der Umformung gekennzeichnet.

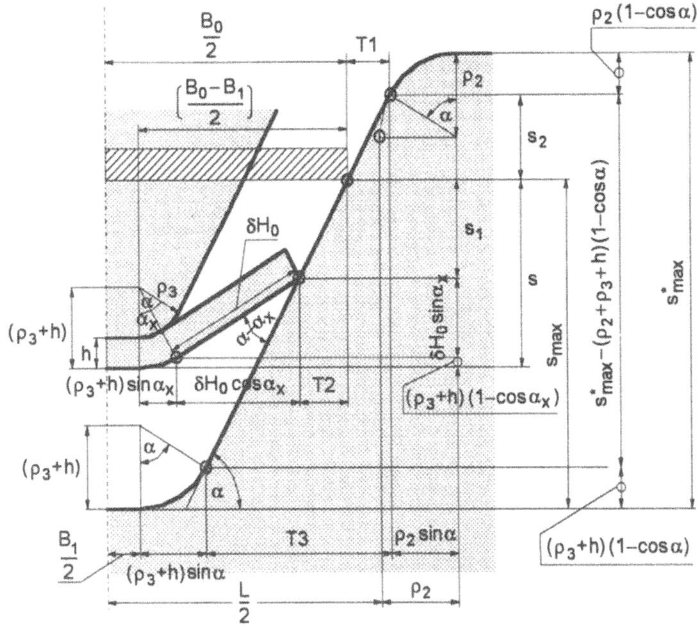

$$T1:\ (\rho_3+h)\sin\alpha + \left[s^*_{max} - (\rho_2+\rho_3+h)(1-\cos\alpha)\right]\frac{1}{\tan\alpha} - \left[\frac{B_0-B_1}{2}\right]$$

$$T2:\ \left[\frac{B_0-B_1}{2}\right] - (\rho_3+h)\sin\alpha_x - \delta H_0\cos\alpha_x$$

$$T3:\ \left[s^*_{max} - (\rho_2+\rho_3+h)(1-\cos\alpha)\right]\frac{1}{\tan\alpha}$$

Abb. 24. Belastungsschema beim Pressen von U-Profilen (kurze Schenkel)

8.3 Bestimmung der Untergesenktiefe s^*_{max}

Aus Abb. 24 kann man entnehmen, daß:

$$s^*_{max} = (\rho_2+\rho_3+h)(1-\cos\alpha) + \left[\frac{L}{2} + (1-\sin\alpha)\rho_2 - (\rho_3+h)\sin\alpha\right]\tan\alpha$$

$$s^*_{max} = (\rho_2+\rho_3+h)\left(1-\frac{1}{\cos\alpha}\right) + \left(\frac{L}{2}+\rho_2\right)\tan\alpha.$$

8.4 Ableitung von s nach α_x

$$\frac{ds}{d\alpha_x} = \cos\alpha_x\left\{(1+\tan\alpha\tan\alpha_x)\left[\left(\frac{B_0-B_1}{2}\right) - \alpha_x\left(\rho_3+\frac{h}{2}\right)\right] + (\tan\alpha_x-\tan\alpha)\frac{h}{2}\right\}.$$

8.5 Bestimmung der Biegearbeit

Aus der Kraftzerlegung (s. Abb. 25) erhält man:

$$\left(\frac{dP}{dZ}\right)_{B+R} = \frac{dP}{dZ}[\cos\alpha_x + \mu\sin\alpha\cos(\alpha - \alpha_x)].$$

Dabei ist:

$$\left(\frac{dP}{dZ}\right)_B = \frac{dP}{dZ}\cos\alpha_x$$

$$\left(\frac{dP}{dZ}\right)_R = \frac{dP}{dZ}\mu\sin\alpha\cos(\alpha - \alpha_x).$$

Somit:

$$\left(\frac{dP}{dZ}\right)_{B+R} = \left(\frac{dP}{dZ}\right)_B + \left(\frac{dP}{dZ}\right)_R$$

$$\frac{\left(\frac{dP}{dZ}\right)_{B+R}}{\left(\frac{dP}{dZ}\right)_B} = 1 + \frac{\left(\frac{dP}{dZ}\right)_R}{\left(\frac{dP}{dZ}\right)_B} = 1 + \frac{\mu\sin\alpha\cos(\alpha - \alpha_x)}{\cos\alpha_x}$$

$$\cos(\alpha - \alpha_x) = \cos\alpha\cos\alpha_x + \sin\alpha\sin\alpha_x$$

$$\frac{\cos(\alpha - \alpha_x)}{\cos\alpha_x} = \cos\alpha + \sin\alpha\tan\alpha_x = \cos\alpha(1 + \tan\alpha\tan\alpha_x).$$

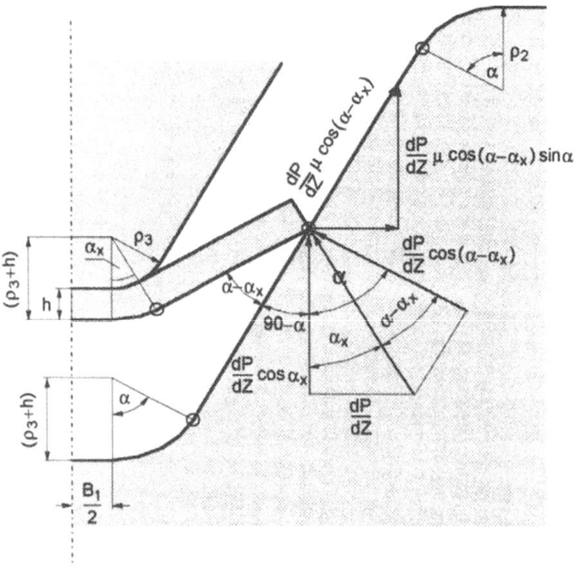

Abb. 25. Kräftezerlegung für U-Profile mit kurzen Schenkeln

Somit wird nach sinngemäßer Übertragung auf die Biegearbeit:

$$\left(\frac{dW}{dZ}\right)_{B+R} = \left(\frac{dW}{dZ}\right)_B [1 + \mu \sin\alpha\cos\alpha(1 + \tan\alpha\tan\alpha_x)]$$

$$\left(\frac{dW}{dZ}\right)_B = 2\left[C_1\alpha_x + \frac{(C_2 + C_4)\delta H_0}{C_3}\right]$$

$$\left(\frac{dW}{dZ}\right)_B = 2\left\{C_1\alpha_x + \frac{(C_2 + C_4)}{C_3}\left[\frac{(B_0 - B_1)}{2} - \left(\rho_3 + \frac{h}{2}\right)\alpha_x\right]\right\}$$

Biegearbeit ohne Reibung

$$\left(\frac{dW}{dZ}\right)_{B+R} = 2\left\{C_1\alpha_x + \frac{(C_2 + C_4)}{C_3}\left[\frac{(B_0 - B_1)}{2} - \left(\rho_3 + \frac{h}{2}\right)\alpha_x\right]\right\}\left\{1 + \right.$$
$$\left. + \mu\sin\alpha\cos\alpha + \mu\sin^2\alpha\tan\alpha_x\right\}.$$

Setzt man $C_5 = 1 + \mu\sin\alpha\cos\alpha$

$$\left(\frac{dW}{dZ}\right)_{B+R} = 2\left\{C_1\alpha_x + \frac{(C_2 + C_4)}{C_3}\left[\frac{(B_0 - B_1)}{2} - \left(\rho_3 + \frac{h}{2}\right)\alpha_x\right]\right\}\left\{C_5 + \right.$$
$$\left. + \mu\sin^2\alpha\tan\alpha_x\right\}$$

$$\left(\frac{dW}{dZ}\right)_{B+R} = \left(\frac{W}{Z}\right)_{B+R}.$$

8.6 Ermittlung von d $\left(\frac{\frac{dW}{dZ}}{d\alpha_x}\right)_{B+R}$

$$\frac{d\left(\frac{dW}{dZ}\right)_{B+R}}{d\alpha_x} =$$
$$= 2\left\{\left[C_1 - \left(\frac{C_2 + C_4}{C_3}\right)\left(\rho_3 + \frac{h}{2}\right)\right]\left[C_5 + \frac{\mu\sin^2\alpha}{\cos\alpha_x}\left(\frac{\alpha_x}{\cos\alpha_x} + \sin\alpha_x\right)\right] + \right.$$
$$\left. + \left(\frac{C_2 + C_4}{C_3}\right)\left(\frac{B_0 - B_1}{2}\right)\frac{\mu\sin^2\alpha}{\cos^2\alpha_x}\right\}$$

8.7 Bestimmung des Stempelkraftverlaufes $\left(\frac{dP}{dZ}\right)_V$

$$\left(\frac{dP}{dZ}\right)_V = \frac{d\left(\frac{dW}{dZ}\right)_{B+R}}{d\alpha_x}\left(\frac{d\alpha_x}{ds}\right)$$

$$C_7 = \cos\alpha_x\left\{(1+\tan\alpha\tan\alpha_x)\left[\frac{(B_0-B_1)}{2}-\alpha_x\left(\rho_3+\frac{h}{2}\right)\right]+\left[(\tan\alpha_x-\tan\alpha)\frac{h}{2}\right]\right\}$$

$$\left(\frac{dP}{dZ}\right)_V = \frac{2}{C_7}\left\{\left[C_1-\left(\frac{C_2+C_4}{C_3}\right)\left(\rho_3+\frac{h}{2}\right)\right]\left[C_5+\frac{\mu\sin^2\alpha}{\cos\alpha_x}\left(\frac{\alpha_x}{\cos\alpha_x}+\sin\alpha_x\right)\right]+\right.$$
$$\left.+\left(\frac{C_2+C_4}{C_3}\right)\left(\frac{B_0-B_1}{2}\right)\frac{\mu\sin^2\alpha}{\cos^2\alpha_x}\right\} = \left(\frac{P}{Z}\right)_V$$

8.8 Vergleich mit praktischen Messungen

Es wurden einige Probebleche an einer Versuchspresse nach den getroffenen Annahmen umgeformt und Kraft-Weg-Diagramme ermittelt. Die Versuchsdurchführung gestaltete sich schwierig, da die Versuchsbleche während der Umformung seitlich wegrutschten. Nur dadurch, daß am Stempel ein Zentrierbolzen angebracht wurde und die Probebleche mit je einem Loch versehen wurden, in das der Zentrierbolzen hineinpaßte, konnten die Versuche zu Ende geführt werden.

Die Meßergebnisse sind daher mit einer gewissen Ungenauigkeit behaftet. Die gerechneten Werte zeigen grundsätzlich eine gute qualitative Übereinstimmung mit den Meßergebnissen, wenn mit $\mu = 0{,}05$ gerechnet wird. Der Kraftanstieg am Verformungsende ist stärker ausgeprägt, als bei den übrigen Versuchen und dürfte durch die Versuchsdurchführung beeinflußt sein (Abb. 26).

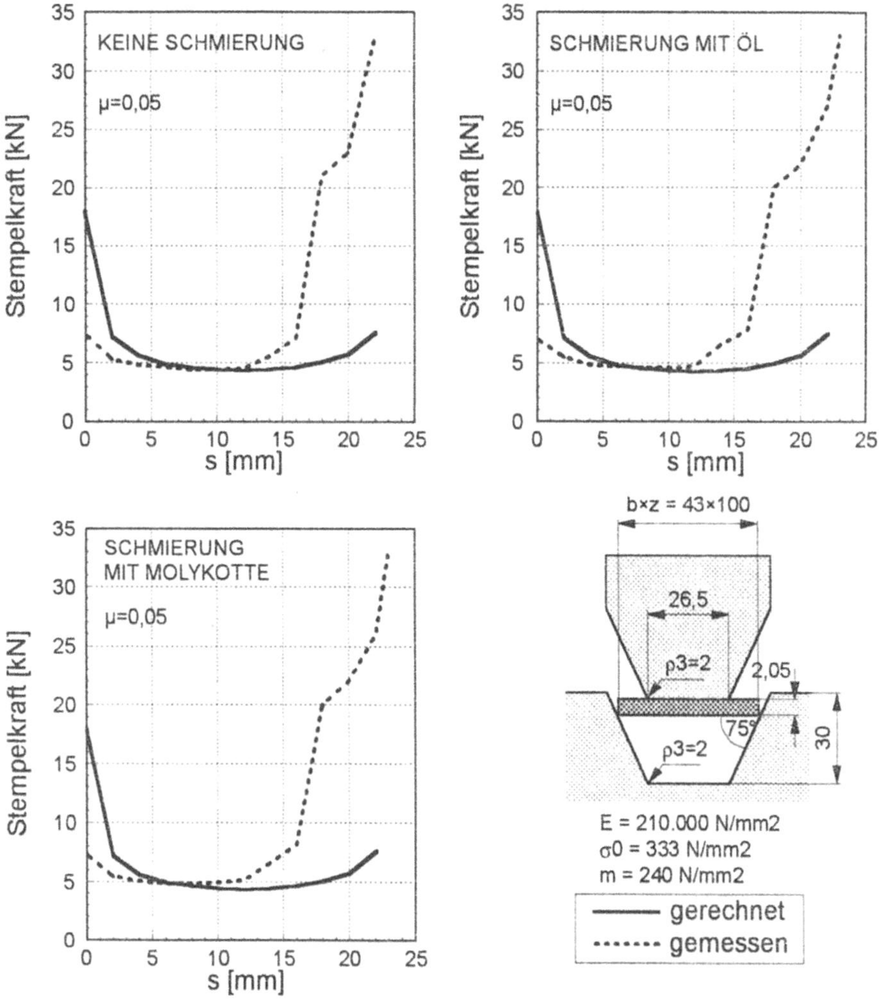

Abb. 26. Stempelkraftverlauf in Abhängigkeit des Stempelweges (s)

9. Biegen von Winkeln mit beweglichem Unterwerkzeug

Es wird angenommen, daß das Oberwerkzeug in Ruhe bleibt und die Seitenflächen des Unterwerkzeuges eine Drehbewegung ausführen, die ein Verbiegen des Blechwerkstoffes bewirken, wobei der maximal erreichbare Biegewinkel 90° erreicht, s. – Abb. 27.

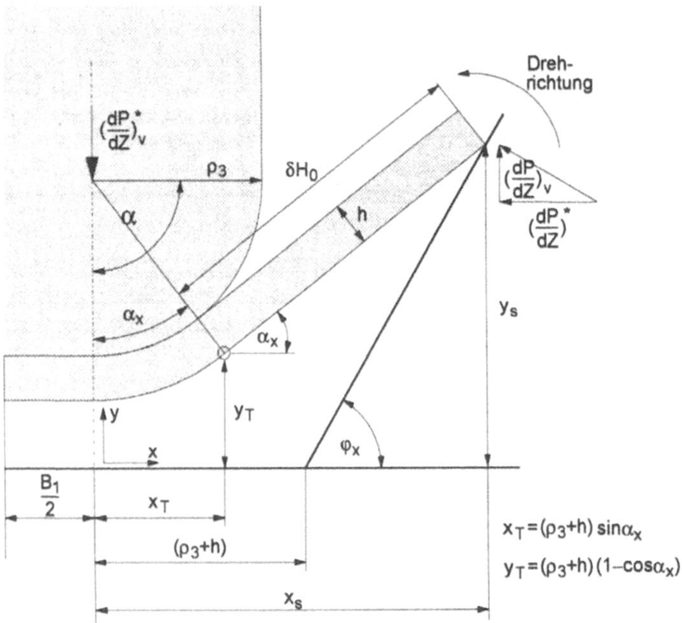

Abb. 27. Erzeugung von U-Profilen mit beweglichem Unterwerkzeug

9.1 Bestimmung von δH_0

Wird mit $\frac{B_0}{2}$ die Ausgangslänge des Blechwerkstoffes bezeichnet, mit z seine konstante Breite, erhält man aus dem Gesetz der Volumskonstanz:

$$\delta H_0 = \left(\frac{B_0 - B_1}{2}\right) - \left(\rho_3 + \frac{h}{2}\right)\alpha_x$$

9.2 Bestimmung der Koordinaten des Berührungspunktes x_s und y_s als Funktion von α_x

$$y_s - (\rho_3 + h)(1 - \cos\alpha_x) = \delta H_0 \sin\alpha_x$$

$$y_s = (\rho_3 + h)(1 - \cos\alpha_x) + \sin\alpha_x \left\{ \left(\frac{B_0 - B_1}{2} \right) - \left(\rho_3 + \frac{h}{2} \right) \alpha_x \right\}$$

$$y_s - (\rho_3 + h)(1 - \cos\alpha_x) = [x_s - (\rho_3 + h)\sin\alpha_x] \tan\alpha_x$$

$$x_s = \sin\alpha_x \left\{ \left(\frac{B_0 - B_1}{2\tan\alpha_x} \right) - \frac{\left(\rho_3 + \frac{h}{2} \right)\alpha_x}{\tan\alpha_x} + (\rho_3 + h) \right\}$$

9.3 Zusammenhang zwischen α_x und φ_x

Da:

$$y_s = [x_s - (\rho_3 + h)] \tan\varphi_x$$

ist

$$\tan\varphi_x = \frac{\sqrt{1 + \tan^2\alpha_x} - 1 + \dfrac{\tan\alpha_x}{(\rho_3 + h)} \left[\left(\dfrac{B_0 - B_1}{2} \right) - \left(\rho_3 + \dfrac{h}{2} \right) \alpha_x \right]}{\tan\alpha_x - \sqrt{1 + \tan^2\alpha_x} + \dfrac{1}{(\rho_3 + h)} \left[\left(\dfrac{B_0 - B_1}{2} \right) - \left(\rho_3 + \dfrac{h}{2} \right) \alpha_x \right]}$$

9.4 Bestimmung der Biegearbeit als Funktion von α_x

Unter Vernachlässigung der Reibungsarbeit erhält man für die Biegearbeit:

$$\left(\frac{dW}{dZ} \right)_B = C_1 \alpha_x + \left(\frac{C_2 + C_4}{C_3} \right) \delta H_0$$

$$\left(\frac{dW}{dZ} \right)_B = \alpha_x \left[C_1 - \left(\frac{C_2 + C_4}{C_3} \right) \left(\rho_3 + \frac{h}{2} \right) \right] + \left(\frac{C_2 + C_4}{C_3} \right) \left(\frac{B_0 - B_1}{2} \right).$$

Dabei ist:

$$C_1 = \frac{\sigma_0 h^2}{4} \left(1 - \frac{m}{E} + \frac{mh}{6\sigma_0 \left(\rho_3 + \frac{h}{2} \right)} \right)$$

$$\eta_{Fx_1=0} = \frac{\sigma_0}{E}\left(\rho_3 + \frac{h}{2}\right)$$

$$C_2 = \frac{2}{3}\frac{\sigma_0^3 h^2}{E}\left\{\frac{\left(1-\frac{m}{E}\right)}{4}\left(\frac{h}{2} - \eta_{Fx_1=0}\right) + \frac{mh}{24E}\ln\left(\frac{h}{2\eta_{Fx_1=0}}\right) - \right.$$

$$\left. - \frac{2}{9}\frac{\left(1-\frac{m}{E}\right)}{h^2}\left(\frac{h^3}{8} - \eta^3_{Fx_1=0}\right)\right\}$$

$$C_3 = \sigma_0\left(1 - \frac{m}{E}\right)\left(\frac{h^2}{4} - \frac{\sigma_0^2}{3E^2}\left(\rho_3 + \frac{h}{2}\right)^2\right)$$

$$C_4 = \frac{\sigma_0^3 h^3}{108E}.$$

9.5 Bestimmung von $\dfrac{d\varphi}{d\alpha_x}$

Bildet man aus dem Zusammenhang $\tan\varphi_x = f(\alpha_x)$ die Ableitung, erhält man:

$$\frac{d\varphi_x}{d\alpha_x} = \frac{f_1(f_3 + C_5 - C_6 f_4) - f_2(1 - f_3 - C_6\cos^2\alpha_x)}{\cos^2\alpha_x(f_1^2 + f_2^2)}.$$

Dabei ist

$$f_1 = \tan\alpha_x - \sqrt{1+\tan^2\alpha_x} + C_5 - C_6\alpha_x$$

$$f_2 = \sqrt{1+\tan^2\alpha_x} - 1 + C_5\tan\alpha_x - C_6\alpha_x\tan\alpha_x$$

$$f_3 = \frac{\tan\alpha_x}{\sqrt{1+\tan^2\alpha_x}}$$

$$f_4 = \alpha_x + \sin\alpha_x\cos\alpha_x$$

$$C_5 = \left(\frac{B_0 - B_1}{2(\rho_3 + h)}\right)$$

$$C_6 = \frac{\left(\rho_3 + \frac{h}{2}\right)}{(\rho_3 + h)}.$$

9.6 Bestimmung von $\dfrac{d\left(\frac{dW}{dZ}\right)}{d\alpha_x}$

Aus der Ausgangsgleichung für die Biegearbeit erhält man nach Ableitung nach α_x:

$$\frac{d\left(\frac{dW}{dZ}\right)}{d\alpha_x} = C_1 - \left(\frac{C_2 + C_4}{C_3}\right)\left(\rho_3 + \frac{h}{2}\right).$$

9.7 Bestimmung des äußeren Biegemoments aus der Biegearbeit

Es ist:

$$d\left(\frac{dW}{dZ}\right)_B = \frac{M}{Z}\, d\varphi_x.$$

Somit

$$\frac{M}{Z} = \frac{d\left(\frac{dW}{dZ}\right)}{d\varphi_x} = \frac{d\left(\frac{dW}{dZ}\right)}{d\alpha_x}\,\frac{d\alpha_x}{d\varphi_x}.$$

Somit wird

$$\frac{M(\varphi_x)}{Z} = \frac{\left[C_1 - \left(\frac{C_2 + C_4}{C_3}\right)\left(\rho_3 + \frac{h}{2}\right)\right]\cos^2\alpha_x(f_1^2 + f_2^2)}{f_1(f_3 + C_5 - C_6 f_4) - f_2(1 - f_3 - C_6\cos^2\alpha_x)}.$$

9.8 Bestimmung der äußeren Biegekraft $\left(\frac{dP}{dZ}\right)^*$

$$\frac{M(\varphi_x)}{Z} = \left(\frac{dP}{dZ}\right)^* \frac{y_s}{\sin\varphi_x}$$

$$\left(\frac{dP}{dZ}\right)^* = \frac{M(\varphi_x)}{Z}\,\frac{\sin\varphi_x}{y_s}$$

$$\left(\frac{dP}{dZ}\right)^* = \frac{\left[C_1 - \left(\frac{C_2 + C_4}{C_3}\right)\left(\rho_3 + \frac{h}{2}\right)\right](f_1^2 + f_2^2)\cos^2\alpha_x \sin\varphi_x}{f_1(f_3 + C_5 - C_6 f_4) - f_2(1 - f_3 - C_6\cos^2\alpha_x)y_s}.$$

Darin ist

$$\sin\varphi_x = \frac{\tan\varphi_x}{\sqrt{1+\tan^2\varphi_x}}$$

zu verwenden.

9.9 Bestimmung der Vertikalkraft $\left(\frac{dP}{dZ}\right)_V$

Aus der Kraftzerlegung am Kraftangriffspunkt (x_s, y_s) erhält man:

$$\left(\frac{dP}{dZ}\right)_V = \left(\frac{dP}{dZ}\right)^* \cos\varphi_x .$$

9.10 Bestimmung der Vertikalkraft am Stempel $\left(\frac{dP}{dZ}\right)_V^*$

Aus dem Momentengleichgewicht um den Drehpunkt des Unterwerkzeuges erhält man angenähert

$$\left(\frac{dP}{dZ}\right)_V^* (\rho_3 + h) = \left(\frac{dP}{dZ}\right)^* \frac{y_s}{\sin\varphi_x} = \frac{M(\varphi_x)}{Z}$$

$$\left(\frac{dP}{dZ}\right)_V^* \cong \frac{M(\varphi_x)}{Z(\rho_3 + h)} .$$

9.11 Vergleich mit dem Rechenprogramm Abaqus

An einem Beispiel wurde der beschriebene Rechengang mit dem finitem Rechenprogramm Abaqus verglichen. Die Biegearbeit zeigt dabei recht gute Übereinstimmung, wie Abb. 29 zeigt. Bei dem Vergleich des äußeren Biegemomentes wurden gewisse Abweichungen festgestellt (Abb. 28), die darauf zurückzuführen sind, daß beim beschriebenem Rechengang der Hebelarm (δH_0) immer als Gerade angenommen wurde, während das Rechenprogramm Abaqus die tatsächliche Länge des doch leicht gekrümmten Hebelarmes berücksichtigte. Im allgemeinen konnte annehmbare Übereinstimmung festgestellt werden.

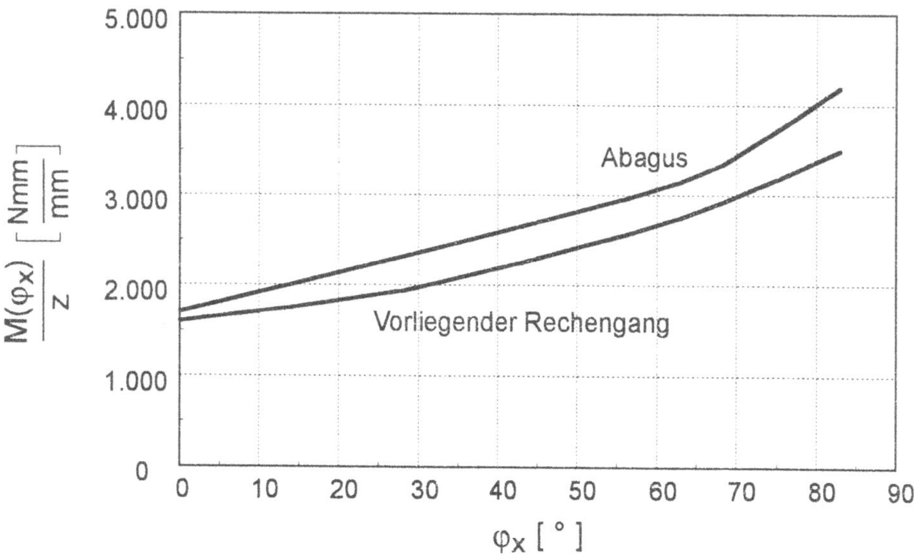

Abb. 28. Biegemoment in Abhängigkeit von φ_X. Vergleich von Rechenwerten

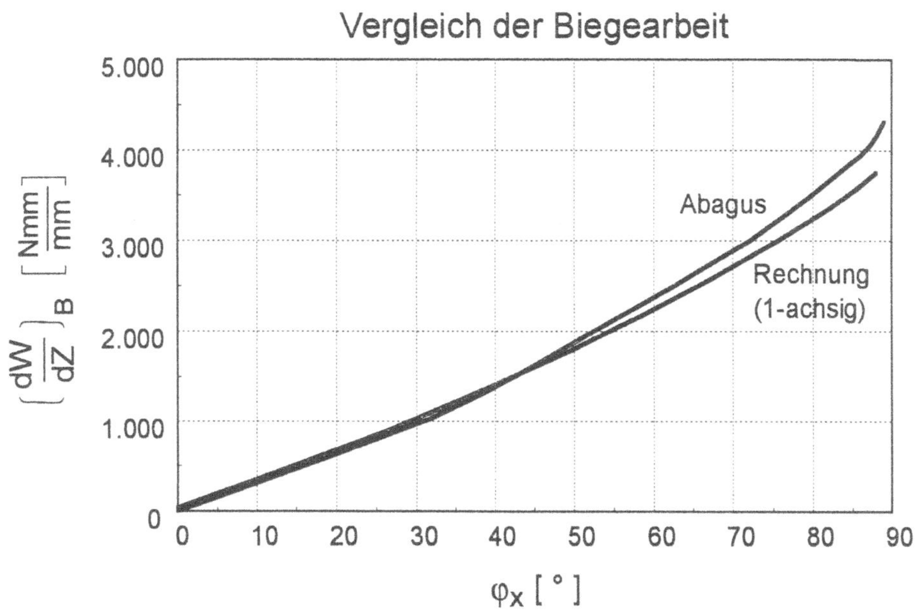

Abb. 29. Spezifische Biegearbeit in Abhängigkeit von φ_X. Vergleich von Rechenwerten

10. Pressen von Straßenleitschienen 

In den Abb. 30 und 31 ist der Verformungsvorgang beim Pressen von Straßenleitschienen dargestellt. Die Bilder zeigen jeweils das halbe Profil des gepreßten Bleches.

Aus dem linken Bildteil erhält man:

10.1 Bestimmung von δH_0

$$\frac{L}{2} + \rho_4 = \rho_3 \sin\alpha_{x_3} + \delta H_0 \cos\alpha_{x_3} + (\rho_4 + h)\sin\alpha_{x_3}.$$

Daraus:

$$\delta H_0 = \frac{\frac{L}{2} + \rho_4 - (\rho_3 + \rho_4 + h)\sin\alpha_{x_3}}{\cos\alpha_{x_3}}.$$

10.2 Bestimmung des Stempelweges s

$$s = \rho_3(1 - \cos\alpha_{x_3}) + \delta H_0 \sin\alpha_{x_3} + (\rho_4 + h)(1 - \cos\alpha_{x_3}).$$

Verwendet man den abgeleiteten Ausdruck für δH_0, erhält man:

$$S = \left(\frac{L}{2} + \rho_4\right)\tan\alpha_{x_3} + (\rho_3 + \rho_4 + h)\left(1 - \frac{1}{\cos\alpha_{x_3}}\right).$$

Aus dem rechten Bildteil ergibt sich:

10.3 Bestimmung von δH_2

$$(\rho_4 + h)\sin\alpha_{x_4} + \delta H_2 \cos\alpha_{x_4} + \rho_2 \sin\alpha_{x_4} = \frac{L_2}{2} + \rho_4.$$

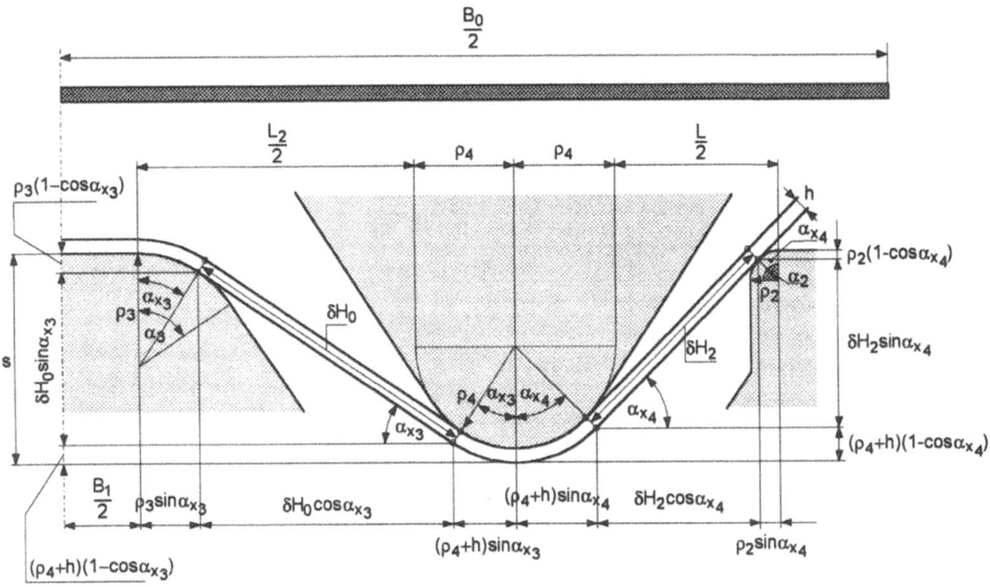

Abb. 30. Leitschienenumformung

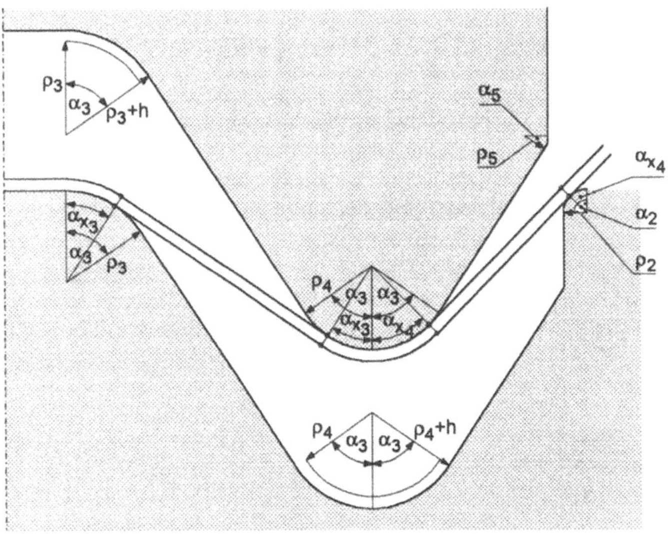

Abb. 31. Leitschienenumformung

Daraus:

$$\delta H_2 = \frac{\left(\frac{L_2}{2} + \rho_4\right) - (\rho_2 + \rho_4 + h)\sin\alpha_{x_4}}{\cos\alpha_{x_4}}.$$

10.4 Bestimmung des Stempelweges s

$$s = \rho_2(1 - \cos\alpha_{x4}) + \delta H_2 \sin\alpha_{x4} + (\rho_4 + h)(1 - \cos\alpha_{x4}).$$

Unter Verwendung von δH_2 somit:

$$s = \left(\frac{L_2}{2} + \rho_4\right)\tan\alpha_{x_4} + (\rho_2 + \rho_4 + h)\left(1 - \frac{1}{\cos\alpha_{x_4}}\right).$$

10.5 Zusammenhang von α_{x_3} und α_{x_4}

Setzt man:

$$\frac{L}{2} + \rho_4 = K_1$$

$$\rho_3 + \rho_4 + h = K_2$$

$$\frac{L_2}{2} + \rho_4 = K_3$$

$$\rho_2 + \rho_4 + h = K_4$$

$$(\rho_2 - \rho_3) + (\rho_3 + \rho_4 + h)\sqrt{1 + \tan^2\alpha_{x_3}} - \left(\frac{L}{2} + \rho_4\right)\tan\alpha_{x_3} = K_5$$

erhält man nach Gleichsetzen der Wege s aus dem linken und rechten Bildteil den gewünschten Zusammenhang.

$$K_1 \tan\alpha_{x_3} - K_2\sqrt{1 + \tan^2\alpha_{x_3}} = K_3 \tan\alpha_{x_4} - K_4\sqrt{1 + \tan^2\alpha_{x_4}} + (K_4 - K_2)$$

woraus

$$\tan\alpha_{x_4} = \frac{(K_3K_5 \pm K_4\sqrt{K_5^2 - K_4^2 + K_3^2})}{(K_4^2 - K_3^2)}.$$

10.6 Bestimmung von $\dfrac{d\alpha_{x_4}}{d\alpha_{x_3}}$

Die Differenzierung von α_{x_4} nach α_{x_3} ergibt:

$$\frac{d\alpha_{x_4}}{d\alpha_{x_3}} = \frac{(K_4^2 - K_3^2)K_5'(K_3\sqrt{K_5^2 - (K_4^2 - K_3^2)} \pm K_4K_5)}{\sqrt{K_5^2 - (K_4^2 - K_3^2)}((K_4^2 - K_3^2)^2 + (K_3K_5 \pm K_4\sqrt{K_5^2 - (K_4^2 - K_3^2)})^2)}$$

wobei

$$K_5' = \sqrt{1 + \tan^2\alpha_{x_3}}(K_2 \tan\alpha_{x_3} - K_1\sqrt{1 + \tan^2\alpha_{x_3}}).$$

10.7 Bestimmung von $\dfrac{ds}{d\alpha_{x_3}}$

$$s = \left(\frac{L}{2} + \rho_4\right)\tan\alpha_{x_3} + (\rho_3 + \rho_4 + h)\left[\left(1 - \frac{1}{\cos\alpha_{x_3}}\right)\right]$$

$$\frac{ds}{d\alpha_{x_3}} = \frac{\left[\left(\frac{L}{2} + \rho_4\right) + (\rho_3 + \rho_4 + h)\sin\alpha_{x_3}\right]}{\cos^2\alpha_{x_3}}.$$

10.8 Bestimmung von s_{max}

Der maximale Stempelweg s_{max} ist dann erreicht, wenn $\alpha_{x_3} = \alpha_3$ wird.

Somit:

$$s_{max} = \left(\frac{L}{2} + \rho_4\right)\tan\alpha_3 + (\rho_3 + \rho_4 + h)\left(1 - \frac{1}{\cos\alpha_3}\right).$$

10.9 Bestimmung von s_3

Für die rechte Bildhälfte gilt:

$$s = \left(\frac{L_2}{2} + \rho_4\right)\tan\alpha_{x_4} + (\rho_2 + \rho_4 + h)\left(1 - \frac{1}{\cos\alpha_{x_4}}\right).$$

Wenn α_{x_4} den Wert von α_3 erreicht hat, ist der bis dorthin zurückgelegte Stempelweg s_3 (Abb. 32).

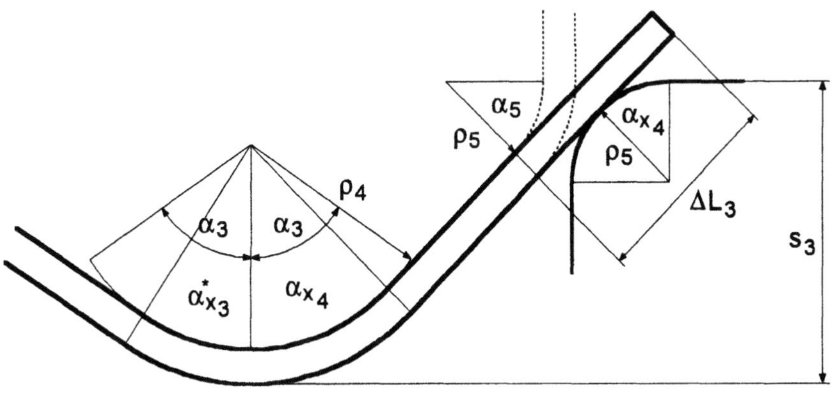

Abb. 32. Schema zur Bestimmung des Stempelweges s_3

Somit mit $\alpha_{x_4} = \alpha_3$:

$$s_3 = \left(\frac{L_2}{2} + \rho_4\right)\tan\alpha_3 + (\rho_2 + \rho_4 + h)\left(1 - \frac{1}{\cos\alpha_3}\right).$$

10.10 Bestimmung von $\alpha^*_{x_3}$

Wenn in der rechten Bildhälfte $\alpha_{x_4} = \alpha_3$ ist in der linken Bildhälfte $\alpha_{x_3} = \alpha^*_{x_3}$.

Mit

$$s_3 = \left(\frac{L}{2} + \rho_4\right)\tan\alpha_{x_3} + (\rho_3 + \rho_4 + h)\left(1 - \frac{1}{\cos\alpha_{x_3}}\right)$$

ist mit $\alpha_{x_3} = \alpha^*_{x_3}$

$$s_3 = \left(\frac{L}{2} + \rho_4\right)\tan\alpha^*_{x_3} + (\rho_3 + \rho_4 + h)\left(1 - \frac{1}{\cos\alpha^*_{x_3}}\right).$$

Gleichsetzen von s_3 für die linke und rechte Bildhälfte ergibt:

$$\left(\frac{L_2}{2} + \rho_4\right)\tan\alpha_3 + (\rho_2 + \rho_4 + h)\left(1 - \frac{1}{\cos\alpha_3}\right) =$$

$$= \left(\frac{L}{2} + \rho_4\right)\tan\alpha^*_{x_3} + (\rho_3 + \rho_4 + h)\left(1 - \frac{1}{\cos\alpha^*_{x_3}}\right),$$

woraus

$$\tan\alpha^*_{x_3} = \frac{\left(\frac{L}{2} + \rho_4\right)(\rho_3 + \rho_4 + h - s_3)}{\left((\rho_3 + \rho_4 + h)^2 - \left(\frac{L}{2} + \rho_4\right)^2\right)} \pm$$

$$\pm \sqrt{\frac{\left(\frac{L}{2} + \rho_4\right)^2 (\rho_3 + \rho_4 + h - s_3)^2}{\left((\rho_3 + \rho_4 + h)^2 - \left(\frac{L}{2} + \rho_4\right)^2\right)^2} - \frac{(\rho_3 + \rho_4 + h)^2 - (\rho_3 + \rho_4 + h - s_3)^2}{\left((\rho_3 + \rho_4 + h)^2 - \left(\frac{L}{2} + \rho_4\right)^2\right)}},$$

wobei

$$s_3 = \left(\frac{L_2}{2} + \rho_4\right)\tan\alpha_3 + (\rho_2 + \rho_4 + h)\left(1 - \frac{1}{\cos\alpha_3}\right).$$

10.11 Bestimmung von ΔL_3

Bezeichnet man die halbe Ausgangslänge des zu verformenden Bleches mit $\frac{B_0}{2}$, erhält man aus der Volumskonstanz wenn $\alpha_{x_4} = \alpha_3$ ist:

$$\frac{B_1}{2}+\left(\rho_3+\frac{h}{2}\right)\alpha^*_{x_3}+\delta H_0+\left(\rho_4+\frac{h}{2}\right)\alpha^*_{x_3}+\left(\rho_4+\frac{h}{2}\right)\alpha_{x_4}+\Delta L_3=\frac{B_0}{2}$$

$$\delta H_0=\frac{\frac{L}{2}+\rho_4-(\rho_3+\rho_4+h)\sin\alpha^*_{x_3}}{\cos\alpha^*_{x_3}}.$$

Nach Einsetzen von δH_0 somit:

$$\Delta L_3=\left(\frac{B_0-B_1}{2}\right)-\left(\rho_3+\frac{h}{2}\right)\alpha^*_{x_3}-\left(\rho_4+\frac{h}{2}\right)(\alpha^*_{x_3}+\alpha_3)-$$

$$-\frac{\left(\frac{L}{2}+\rho_4\right)}{\cos\alpha^*_{x_3}}+(\rho_3+\rho_4+h)\tan\alpha^*_{x_3}.$$

10.12 Bestimmung von ΔL_4 und ΔL_5

10.12.1 Bestimmung von ΔL_4

Für $\alpha^*_{x_3}\leq\alpha_{x_3}\leq\alpha_3$ gilt für den linken Bildteil aus der Volumskonstanz:

$$\frac{B_0}{2}=\frac{B_1}{2}+\left(\rho_3+\frac{h}{2}\right)\alpha_{x_3}-\delta H_0-\left(\rho_4+\frac{h}{2}\right)(\alpha_{x_3}+\alpha_3)-L_3-\left(\rho_5+\frac{h}{2}\right)\alpha_5$$

$$\Delta L_4=\left(\frac{B_0-B_1}{2}\right)-\left(\rho_3+\frac{h}{2}\right)\alpha_{x_3}-\delta H_0-\left(\rho_4+\frac{h}{2}\right)(\alpha_{x_3}+\alpha_3)-L_3-\left(\rho_5+\frac{h}{2}\right)\alpha_5,$$

wobei

$$\delta H_0=\frac{\frac{L}{2}+\rho_4-(\rho_3+\rho_4+h)\sin\alpha_{x_3}}{\cos\alpha_{x_3}}$$

und L_3 als Zeichnungsmaß von Obergesenk zu entnehmen ist.

10.12.2 Bestimmung von ΔL_5

Nach Erreichen von s_{max} bleibt ein unverformtes Reststück ΔL_5 übrig.

Aus der Volumskonstanz erhält man:

$$\frac{B_0}{2}=\frac{B_1}{2}+\left(\rho_3+\frac{h}{2}\right)\alpha_3+\delta H_0+\left(\rho_4+\frac{h}{2}\right)\alpha_3+\left(\rho_4+\frac{h}{2}\right)\alpha_3+L_3+\left(\rho_5+\frac{h}{2}\right)\alpha_5+\Delta L_5$$

$$\Delta L_5 = \left(\frac{B_0 - B_1}{2}\right) - \left(\rho_3 + \frac{h}{2}\right)\alpha_3 - \delta H_0 - 2\left(\rho_4 + \frac{h}{2}\right)\alpha_3 - L_3 - \left(\rho_5 + \frac{h}{2}\right)\alpha_5$$

$$\delta H_0 = \frac{\left(\frac{L}{2} + \rho_4\right) - (\rho_3 + \rho_4 + h)\sin\alpha_3}{\cos\alpha_3}.$$

Die Differenz $\Delta L_4 - \Delta L_5$ muß daher um $\left(\rho_5 + \frac{h}{2}\right)$ hin- und rückgebogen werden. Der Weg innerhalb dessen dies geschieht ist $s_{max} - s_3$. Weiters muß die Länge $\left(\rho_5 + \frac{h}{2}\right)\alpha_5$ zusätzlich hingebogen werden.

10.12.3 Bestimmung von $\Delta L_4 - \Delta L_5$

Die Differenz $\Delta L_4 - \Delta L_5$ ist demnach:

$$\Delta L_4 - \Delta L_5 = \left(\rho_3 + \frac{h}{2}\right)(2\alpha_3 - \alpha_{x_3}) - \left(\rho_4 + \frac{h}{2}\right)\alpha_{x_3} + \\ + \left(\frac{L}{2} + \rho_4\right)\left(\frac{1}{\cos\alpha_3} - \frac{1}{\cos\alpha_{x_3}}\right) - (\rho_3 + \rho_4 + h)(\tan\alpha_3 - \tan\alpha_{x_3}).$$

Am Verformungsende nach Erreichen von s_{max} ist $\alpha_{x_3} = \alpha_3$ und man erhält

$(\Delta L_4 - \Delta L_5)_{max} = \alpha_3(\rho_3 - \rho_4)$ (s. Abb. 33).

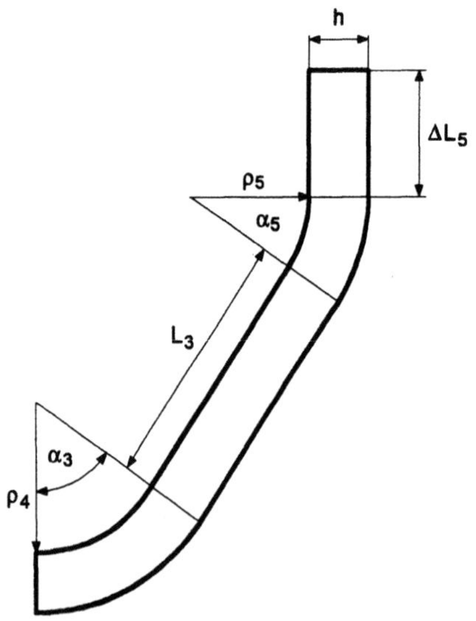

Abb. 33. Schema zur Bestimmung von ΔL_5

10.13 Bestimmung von $\frac{d(\Delta L_4 - \Delta L_5)}{d\alpha_{x3}}$ für $s_3 \leq s \leq s_{max}$ und $\alpha^*_{x3} \leq \alpha_{x3} \leq \alpha_3$

$$\frac{d(\Delta L_4 - \Delta L_5)}{d\alpha_{x_3}} = \frac{\left[\rho_3 + \rho_4 + h + \left(\frac{L}{2} + \rho_4\right)\sin\alpha_{x_3}\right]}{\cos^2\alpha_{x_3}} - (\rho_3 + \rho_4 + h).$$

10.14 Bestimmung von ΔL_2 = Länge, die hin- und rückgebogen wird um $\left(\rho_4 + \frac{h}{2}\right)$

$0 \leq s \leq s_{max}$.

Aus der Volumskonstanz erhält man:

$$\frac{B_1}{2} + \frac{L}{2} + \rho_4 + \Delta L_2 = \frac{B_1}{2} + \left(\rho_3 + \frac{h}{2}\right)\alpha_{x_3} + \delta H_0 + \left(\rho_4 + \frac{h}{2}\right)\alpha_{x_3},$$

wobei

$$\delta H_0 = \frac{\frac{L}{2} + \rho_4 - (\rho_3 + \rho_4 + h)\sin\alpha_{x_3}}{\cos\alpha_{x_3}}$$

$$\Delta L_2 = \left(\frac{L}{2} + \rho_4\right)\left(\frac{1}{\cos\alpha_{x_3}} - 1\right) + (\rho_3 + \rho_4 + h)(\alpha_{x_3} - \tan\alpha_{x_3}).$$

10.15 Bestimmung von $\frac{d(\Delta L_2)}{d\alpha_{x3}}$

$$\frac{d(\Delta L_2)}{d\alpha_{x_3}} = \frac{\left(\frac{L}{2} + \rho_4\right)\sin\alpha_{x_3}}{\cos^2\alpha_{x_3}} + (\rho_3 + \rho_4 + h)\left(1 - \frac{1}{\cos^2\alpha_{x_3}}\right).$$

10.16 Bestimmung der Biegearbeit

Für ein vollständiges Leitschienenprofil sind folgende Biegelängen zu biegen:

$0 \leq s \leq s_{max} \left(\rho_3 + \frac{h}{2}\right)\alpha_{x_3}$ .... Hinbiegen

$\left(\rho_4 + \frac{h}{2}\right)\alpha_{x_3}$ .... Hinbiegen

$\left(\rho_4 + \frac{h}{2}\right)\alpha_{x_4}$ .... Hinbiegen

ΔL_2 .... Hin- und Rückbiegen

$s_3 \leq s \leq s_{max} \Delta L_4 - \Delta L_5$ .... Hin- und Rückbiegen

$\left(\rho_5 + \frac{h}{2}\right)\alpha_5$ .... Hinbiegen.

$$\text{Mit } C_1 = \frac{\sigma_0 h^2}{4}\left[1 - \frac{m}{E} + \frac{mh}{6\sigma_0\left(\rho_3 + \frac{h}{2}\right)}\right]$$

$$C_1^{**} = \frac{\sigma_0 h^2}{4}\left[1 - \frac{m}{E} + \frac{mh}{6\sigma_0\left(\rho_4 + \frac{h}{2}\right)}\right]$$

$$C_1^{***} = \frac{\sigma_0 h^2}{4}\left[1 - \frac{m}{E} + \frac{mh}{6\sigma_0\left(\rho_5 + \frac{h}{2}\right)}\right]$$

erhält man:

10.17 Biegearbeit im Bereich $0 \leq s \leq s_{max}$

Folgende Biegearbeiten wurden berücksichtigt für ein vollständiges Leitschienenprofil:

$\left(\frac{dW}{dZ}\right)_1 = 2C_1\alpha_{x_3}$ Biegung um $\rho_3 + \frac{h}{2}$ ohne Reibung

$\left(\frac{dW}{dZ}\right)_2 = 2C_1^{**}\alpha_{x_3}(1 + \mu \tan \alpha_{x_3})$ Biegung um $\rho_4 + \frac{h}{2}$ mit Reibung $0 \leq \alpha_{x_3} \leq \alpha_3$

$\left(\frac{dW}{dZ}\right)_3 = 2C_1^{**}\alpha_{x_4}(1 + \mu \tan \alpha_{x_4})$ Biegung um $\rho_4 + \frac{h}{2}$ mit Reibung $0 \leq \alpha_{x_4} \leq \alpha_3$

$\left(\frac{dW}{dZ}\right)_4 = \frac{4C_1^{**}\Delta L_2 \alpha_{x_3}(1 + \mu \tan \alpha_{x_3})}{\left(\rho_4 + \frac{h}{2}\right)(\alpha_{x_3} + \alpha_{x_4})}$ Hin- und Rückbiegung um $\rho_4 + \frac{h}{2}$ mit Reibung $0 \leq \alpha_{x_4} \leq \alpha_3$

$\left(\frac{dW}{dZ}\right)_5 = \frac{4C_1^{**}\Delta L_2 \alpha_{x_4}(1 + \mu \tan \alpha_{x_4})}{\left(\rho_4 + \frac{h}{2}\right)(\alpha_{x_3} + \alpha_{x_4})}$ Hin- und Rückbiegung um $\rho_4 + \frac{h}{2}$ mit Reibung $0 \leq \alpha_{x_4} \leq \alpha_3$.

Damit erhält man:

$$\frac{dW}{dZ} = \left(\frac{dW}{dZ}\right)_1 + \left(\frac{dW}{dZ}\right)_2 + \left(\frac{dW}{dZ}\right)_3 + \left(\frac{dW}{dZ}\right)_4 + \left(\frac{dW}{dZ}\right)_5 .$$

Teilt man die Arbeit auf nach Arbeit mit und ohne Reibung ergibt sich

$$\frac{dW}{dZ} = 2\left\{(C_1 + C_1^{**})\alpha_{x_3} + C_1^{**}\alpha_{x_4} + \frac{2C_1^{**}\Delta L_2}{\left(\rho_4 + \frac{h}{2}\right)} + \right.$$
$$+ \mu\left[C_1^{**}\alpha_{x_3}\tan\alpha_{x_3} + C_1^{**}\alpha_{x_4}\tan\alpha_{x_4} + \frac{2C_1^{**}\Delta L_2 \tan\alpha_{x_3}}{\left(\rho_4 + \frac{h}{2}\right)}\,\frac{\alpha_{x_3}}{(\alpha_{x_3} + \alpha_{x_4})} + \right.$$
$$\left.\left. + \frac{2C_1^{**}\Delta L_2 \tan\alpha_{x_4}}{\left(\rho_4 + \frac{h}{2}\right)}\,\frac{\alpha_{x_4}}{(\alpha_{x_3} + \alpha_{x_4})}\right]\right\}.$$

Führt man für die Reibungsanteile die Vereinfachung $\alpha_{x_3} = \alpha_{x_4}$ durch, erhält man:

$$\frac{dW}{dZ} = 2\left\{(C_1 + C_1^{**})\alpha_{x_3} + C_1^{**}\alpha_{x_4} + \frac{2C_1^{**}\Delta L_2}{\left(\rho_4 + \frac{h}{2}\right)} + \right.$$
$$\left. + \mu\left[2C_1^{**}\alpha_{x_3}\tan\alpha_{x_3} + \frac{2C_1^{**}\tan\alpha_{x_3}\Delta L_2}{\left(\rho_4 + \frac{h}{2}\right)}\right]\right\}.$$

Geteilt nach Arbeit ohne Reibung $= \left(\frac{dW}{dZ}\right)_B$ und Reibungsarbeit $\left(\frac{dW}{dZ}\right)_R$ erhält man $\frac{dW}{dZ} = \left(\frac{dW}{dZ}\right)_B + \left(\frac{dW}{dZ}\right)_R$,

wobei

$$\left(\frac{dW}{dZ}\right)_B = 2\left\{(C_1 + C_1^{**})\alpha_{x_3} + C_1^{**}\alpha_{x_4} + \frac{2C_1^{**}\Delta L_2}{\left(\rho_4 + \frac{h}{2}\right)}\right\}$$

$$\left(\frac{dW}{dZ}\right)_R = 4\mu C_1^{**}\left\{\alpha_{x_3}\tan\alpha_{x_3} + \tan\alpha_{x_3}\frac{\Delta L_2}{\left(\rho_4 + \frac{h}{2}\right)}\right\}$$

$$\Delta L_2 = \left(\frac{L}{2} + \rho_4\right)\left(\frac{1}{\cos\alpha_{x_3}} - 1\right) + (\rho_3 + \rho_4 + h)(\alpha_{x_3} - \tan\alpha_{x_3}).$$

10.18 Biegearbeit im Bereich $s_3 \leq s \leq s_{max}$ oder $\alpha^*_{x_3} \leq \alpha_x \leq \alpha_3$

Für diese Wegstrecke muß zusätzliche Arbeit im Bereich $\left(\rho_5 + \frac{h}{2}\right)$ geleistet werden. Für ein vollständiges Leitschienenprofil erhält man:

$$\left(\frac{dW}{dZ}\right)_{\rho_5} = 2\left[C_1^{***}\alpha_{x_5} + 2C_1^{***}\frac{(\Delta L_4 - \Delta L_5)}{\left(\rho_5 + \frac{h}{2}\right)}\right].$$

10.19 Bestimmung der Ableitungen der Biegearbeit nach α_{x_3}

10.19.1 $0 \leq s \leq s_{max}$

$$\frac{d\left(\frac{dW}{dZ}\right)_R}{d\alpha_{x_3}} = 4\mu C_1^{**}\left\{\frac{\alpha_{x_3}}{\cos^2\alpha_{x_3}} + \tan\alpha_{x_3} + \frac{1}{\left(\rho_4 + \frac{h}{2}\right)}\left[\frac{\left(\frac{L}{2} + \rho_4\right)\sin\alpha_{x_3}}{\cos^2\alpha_{x_3}} + \right.\right.$$

$$\left.\left. + (\rho_3 + \rho_4 + h)\left(1 - \frac{1}{\cos^2\alpha_{x_3}}\right)\right]\right\}$$

$$\frac{d\left(\frac{dW}{dZ}\right)_B}{d\alpha_{x_3}} = 2(C_1 + C_1^{**}) + 2C_1^{**}\frac{d\alpha_{x_4}}{d\alpha_{x_3}} +$$

$$+ \frac{4C_1^{**}}{\cos^2\alpha_{x_3}\left(\rho_4 + \frac{h}{2}\right)}\left(\left(\frac{L}{2} + \rho_4\right)\sin\alpha_{x_3} + (\rho_3 + \rho_4 + h)(\cos^2\alpha_{x3} - 1)\right).$$

Dabei ist die abgeleitete Beziehung $\frac{d\alpha_{x_4}}{d\alpha_{x_3}}$ zu verwenden.

10.19.2 $s_3 \leq s \leq s_{max}$ *oder* $\alpha^*_{x_3} \leq \alpha_{x_3} \leq \alpha_3$

$$\frac{d\left(\frac{dW}{dZ}\right)_{\rho_5}}{d\alpha_{x_3}} = 2C_1^{***}\left\{\frac{d\alpha_{x_5}}{d\alpha_{x_3}} + \frac{2}{\left(\rho_5 + \frac{h}{2}\right)\cos^2\alpha_{x_3}}\left[(\rho_3 + \rho_4 + h)(1 - \cos^2\alpha_{x_3}) + \right.\right.$$

$$\left.\left. + \left(\frac{L}{2} + \rho_4\right)\sin\alpha_{x_3}\right]\right\}.$$

10.20 Bestimmung des Stempelkraftverlaufes

Es wird angenommen, daß die gesamte Biegearbeit durch die Arbeit des Stempels aufgebracht werden muß.

$$\left(\frac{dP}{dZ}\right)_V = \frac{d\left(\frac{dW}{dZ}\right)}{d\alpha_{x_3}}\left(\frac{d\alpha_{x_3}}{ds}\right).$$

10.20.1 $0 \leq s \leq s_{max}$ *– ohne Reibung*

$$\left(\frac{dP}{dZ}\right)_{V_B} = \left(\frac{P}{Z}\right)_{V_B} = 2\left\{C_1 + C_1^{**} + C_1^{**}\frac{d\alpha_{x_4}}{d\alpha_{x_3}} + \frac{2C_1^{**}\cdot C_9}{\left(\rho_4 + \frac{h}{2}\right)\cos^2\alpha_{x_3}}\right\}\cdot C_{10}$$

$$C_9 = \left[\left(\frac{L}{2} + \rho_4\right)\sin\alpha_{x_3} + (\rho_3 + \rho_4 + h)(\cos^2\alpha_{x_3} - 1)\right]$$

$$C_{10} = \frac{\cos^2\alpha_{x_3}}{\left[\left(\frac{L}{2} + \rho_4\right) + (\rho_3 + \rho_4 + h)\sin\alpha_{x_3}\right]}.$$

Für den Reibungsteil der vertikalen Stempelkraft erhält man in ähnlicher Weise:

$$\left(\frac{dP}{dZ}\right)_{V_R} = \left(\frac{P}{Z}\right)_{V_R} = 4\mu C_1^{**}\left\{\alpha_{x_3} + \sin\alpha_{x_3}\cos\alpha_{x_3} + \frac{1}{\left(\rho_4 + \frac{h}{2}\right)}\left[\left(\frac{L}{2} + \rho_4\right)\sin\alpha_{x_3} + \right.\right.$$

$$\left.\left. + (\rho_3 + \rho_4 + h)(\cos^2\alpha_{x_3} - 1)\right]\right\}\cdot D$$

$$D = \frac{1}{\left(\frac{L}{2} + \rho_4\right) + (\rho_3 + \rho_4 + h)\sin\alpha_{x_3}}.$$

Die gesamte vertikale Stempelkraft ist

$$\left(\frac{dP}{dZ}\right)_V = \left(\frac{dP}{dZ}\right)_{V_B} + \left(\frac{dP}{dZ}\right)_{V_R} = \left(\frac{P}{Z}\right)_V.$$

Aus der Kräftezerlegung läßt sich auch eine einfachere Darstellung der vertikalen Stempelkraft ermitteln:

$$\left(\frac{dP}{dZ}\right)_V = \left(\frac{dP}{dZ}\right)_{V_B}(1 + \mu\tan\alpha_{x_3}) = \left(\frac{P}{Z}\right)_V.$$

10.20.2 $s_3 \leq s \leq s_{max}$ *oder* $\alpha^*_{x_3} \leq \alpha_{x_3} \leq \alpha_3$

In diesem Stempelwegbereich kommt eine zusätzliche Stempelkraft hinzu, zu der unter Kapitel 10.20.1 ermittelten:

$$\left(\frac{\Delta P_V}{Z}\right)_{\rho_5} = 2C_1^{***}\left\{\frac{d\alpha_{x_5}}{d\alpha_{x_3}} + \frac{2}{\left(\rho_5 + \frac{h}{2}\right)\cos^2\alpha_{x_3}}\left[(\rho_3 + \rho_4 + h)(1 - \cos^2\alpha_{x_3}) + \right.\right.$$

$$\left.\left. + \left(\frac{L}{2} + \rho_4\right)\sin\alpha_{x_3}\right]\right\}\frac{\cos^2\alpha_{x_3}}{\left[\left(\frac{L}{2} + \rho_4\right) + (\rho_3 + \rho_4 + h)\sin\alpha_{x_3}\right]}.$$

Die gesamte Stempelkraft in diesem Wegbereich ist demnach:

$$\frac{P_V}{Z} = \left(\frac{P}{Z}\right)_V + \left(\frac{\Delta P_V}{Z}\right)_{\rho_5}.$$

10.20.3 Bestimmung von* $\frac{d\alpha_{x_5}}{d\alpha_{x_3}}$ *für* $s_3 \leq s \leq s_3 + \rho_2 \cos\alpha_3$

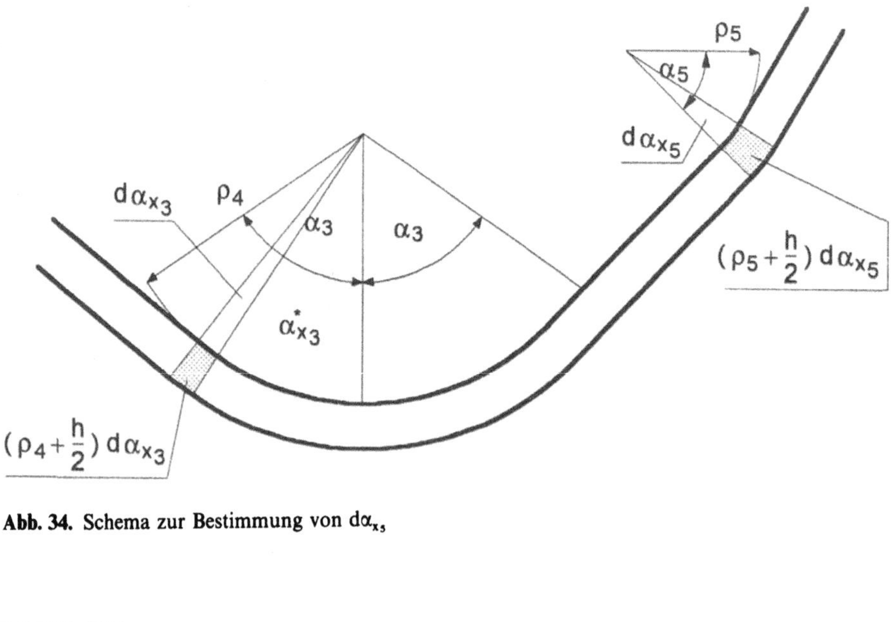

Abb. 34. Schema zur Bestimmung von $d\alpha_{x_5}$

* Siehe auch Abb. 34.

Es ist:

$$\left(\rho_5 + \frac{h}{2}\right) d\alpha_{x_5} = \left(\rho_4 + \frac{h}{2}\right) d\alpha_{x_3}.$$

Daraus:

$$\frac{d\alpha_{x_5}}{d\alpha_{x_3}} = \frac{\left(\rho_4 + \frac{h}{2}\right)}{\left(\rho_5 + \frac{h}{2}\right)} = \text{Konstante}.$$

Der Wert $\frac{d\alpha_{x_5}}{d\alpha_{x_3}}$ gilt nur für die Wegstrecke $s_3 \le s \le s_3 + \rho_2 \cos\alpha_3$. Nach Überschreiten dieser Wegstrecke $s > s_3 > \rho_2 \cos\alpha_3$ wird $\frac{d\alpha_{x_5}}{d\alpha_{x_3}} = 0$. Siehe dazu auch Abb. 35.

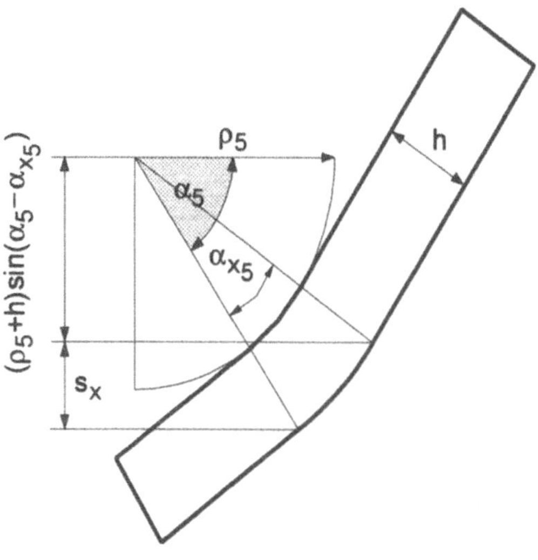

Abb. 35. Schema zur Bestimmung des Wegstückes s_x

10.21 Abschätzung der maximalen Stempelkraft am Verformungsende

Entsprechend den Vorstellungen bei Beispiel 2 erhält man für den vorliegenden Verformungsfall für den abgeschätzten Maximalwert der Stempelkraft bei s_{max}:

$$\left(\frac{P}{Z}\right)_{max} = \left(\frac{dP}{dZ}\right)_{max} = 8C_1^{***}\frac{(1 + \mu \tan\alpha_5)}{\left(\rho_5 + \frac{h}{2}\right)\alpha_5}.$$

Dieser Wert ist eine Grobabschätzung, und ist dem zuletzt errechneten Wert der Stempelkraft hinzuzuzählen. Er gilt für den Stempelweg $s = s_{max}$.

10.22 Vergleich der Berechnungen mit Preßversuchen

Zum besseren Verständnis ist in Abb. 36 der schematische Kraft-Weg Verlauf beim Pressen von Leitschienen dargestellt.

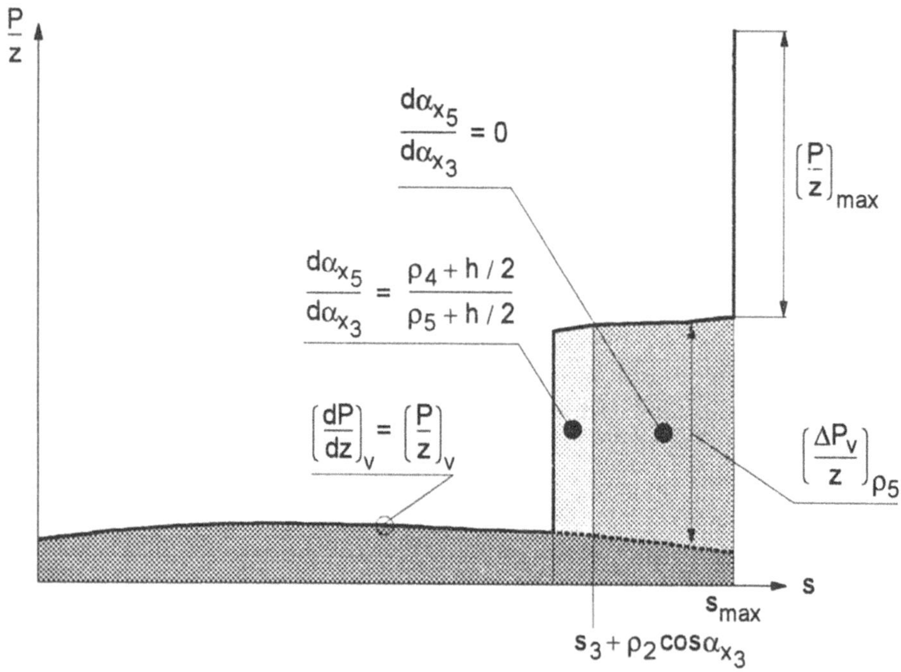

Abb. 36. Zuordnung der Stempelkraft zu bestimmten Stempelwegen (Schema)

Den Vergleich der berechneten Werte mit vorgenommenen praktischen Messungen zeigen die Abb. 37–40 für $\mu = 0$ und $\mu = 0{,}3$. Wie man daraus erkennen kann, ist eine gute qualitative Übereinstimmung der Meß- und Rechenwerte festzustellen.

Gewisse Unterschiede treten in der Arbeitsverteilung über den Stempelweg auf. Im ersten Teil der Umformung $0 \leq s \leq s_3$ liegen die Meßwerte etwas über den berechneten, im 2. Teil $s_3 \leq s \leq s_{max}$ etwas unter den berechneten Werten. Das hängt vermutlich damit zusammen, daß die Hebelarme des angreifenden Biegemoments in der Rechnung als Gerade angenommen werden, in Wirklichkeit aber entsprechende Krümmungen zu erwarten sind.

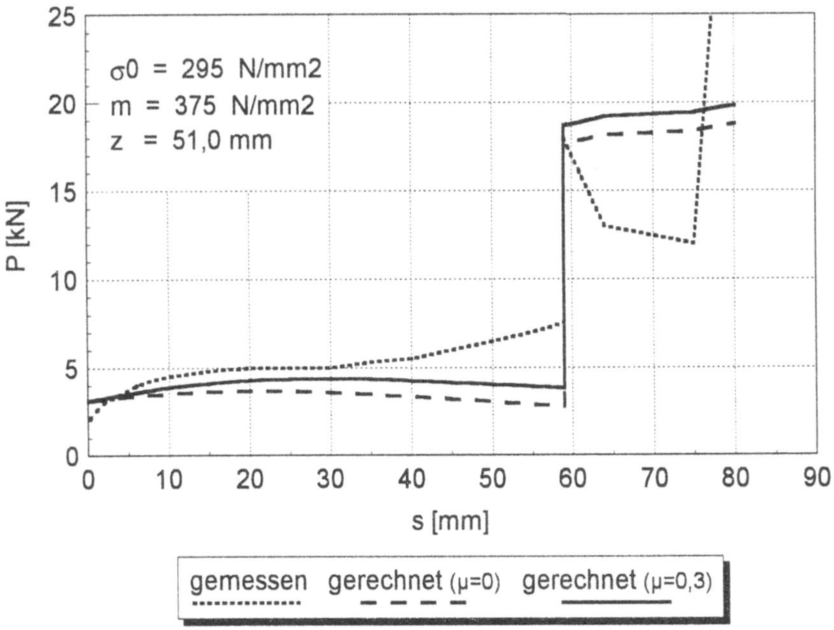

Abb. 37. Stempelkraftverlauf in Abhängigkeit des Stempelweges (s)

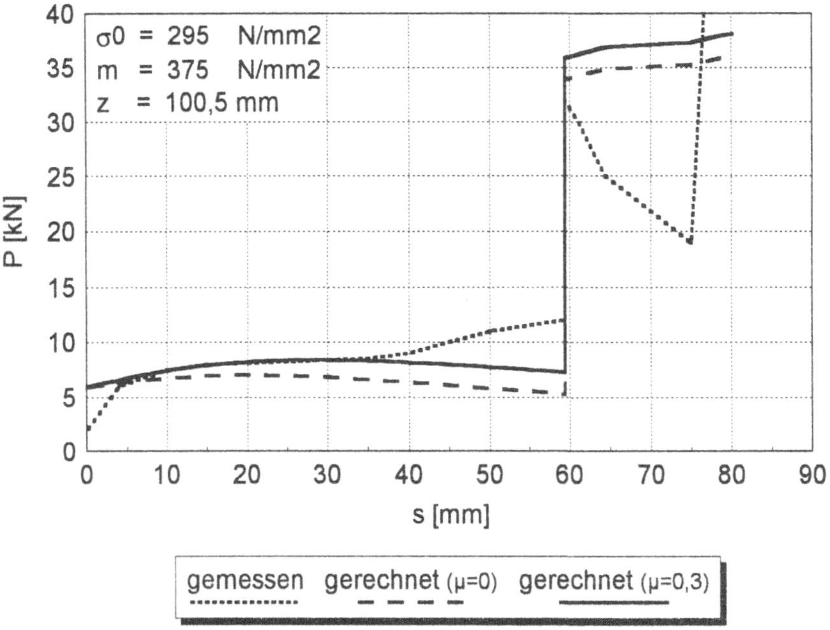

Abb. 38. Stempelkraftverlauf in Abhängigkeit des Stempelweges (s)

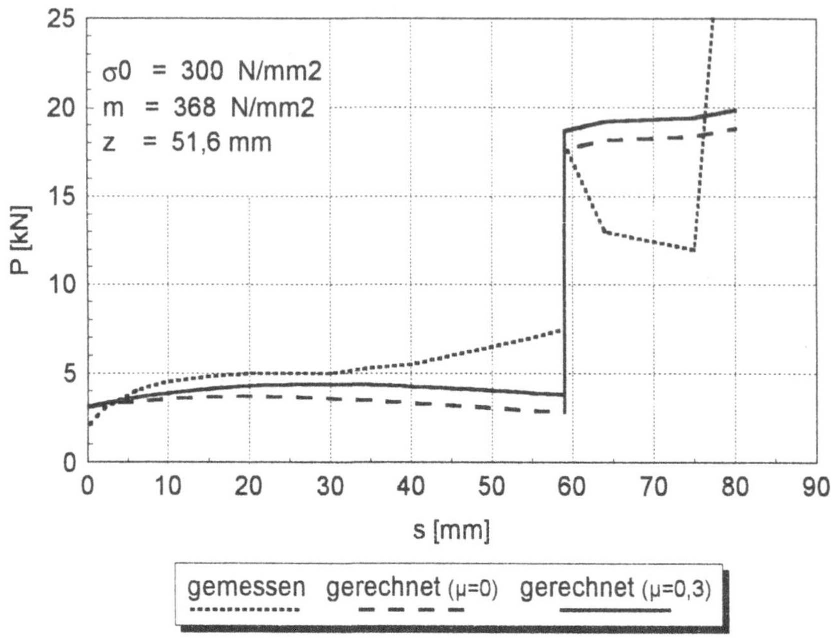

Abb. 39. Stempelkraftverlauf in Abhängigkeit des Stempelweges (s)

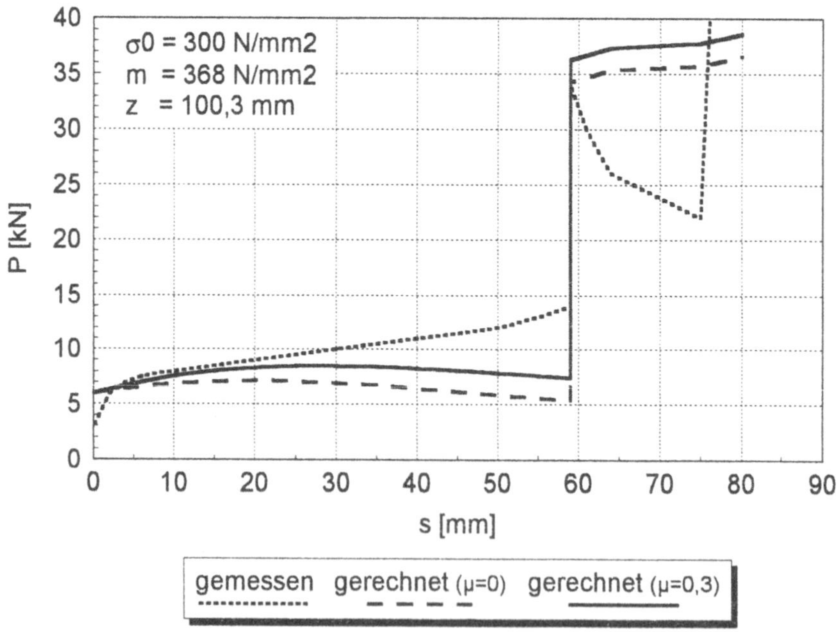

Abb. 40. Stempelkraftverlauf in Abhängigkeit des Stempelweges (s)

10.23 Vergleich der gerechneten mit der gemessenen maximalen Stempelkraft

$$\left(\frac{P}{Z}\right)_{max} = \left(\frac{dP}{dZ}\right)_{max} = 8C_1^{***}\frac{(1+\mu\tan\alpha_5)}{\left(\rho_5+\frac{h}{2}\right)\alpha_5}$$

$C_1^{***} = 729{,}9$

$h = 3\,\text{mm}$

$\alpha_5 = 33{,}5° = 0{,}5818\ \text{rad} \quad \tan\alpha_5 = 0{,}6619$

$\rho_5 = 6\,\text{mm}$

$$P_{max} = 8C_1^{***}\frac{(1+\mu\tan\alpha_5)z}{\left(\rho_5+\frac{h}{2}\right)\alpha_5}$$

a) $\mu = 0{,}3 \quad P_{max} = \dfrac{8\cdot 730\cdot 1{,}1986\cdot 100}{4{,}3635} = 160.417{,}6\,\text{N} = 160{,}4\,\text{KN}$

$z = 100\,\text{mm}$

b) $\mu = 0{,}3 \quad P_{max} = 80{,}2\,\text{KN}$

$z = 50\,\text{mm}$

Probe 4 $z = 57\,\text{mm}$ Letzter Rechnungswert bei $s = s_{max}$ $P = 20\,\text{KN}$

$P_{ges} = P + P_{max} = 20 + 80 = 100\,\text{KN}$

Gemessen: $P_{ges} = 100\,\text{KN}$.

Probe 6 $z = 100\,\text{mm}$ Letzter Rechnungswert bei $s = s_{max}$ $P = 40\,\text{KN}$

$P_{ges} = P + P_{max} = 40 + 160 = 200\,\text{KN}$

Gemessen: $P_{ges} = 240\,\text{KN}$.

11. Kaltprofilieren von Bändern

Es wird der einfache Fall der Erzeugung eines U-Profiles an kontinuierlich hintereinander angeordneten Umformgerüsten beschrieben. Ziel dieser Untersuchung ist die Ermittlung der notwendigen Antriebsarbeit, -moment sowie der auftretenden Anstellkraft.

Jedes Umformgerüst besteht aus einer Ober- und Unterwalze, die über Getriebe entweder in Einzelanordnung oder gruppenweise angetrieben werden.

Eine Zusammenfassung vergleichbarer Rechenverfahren findet man bei Bogojawlenskij/Neubauer/Ris.[3]

11.1 Oberwalze

Es wird ein Koordinatensystem eingeführt, das in Laufrichtung des umgeformten Bandes durch die Koordinate ψ gekennzeichnet ist. Beim Austrittspunkt des Bandes aus dem jeweiligen Walzgerüst ist $\psi = 0$, der Eintrittspunkt ist von diesem Ort durch die Koordinate ψ_S gekennzeichnet – siehe Abb. 41.

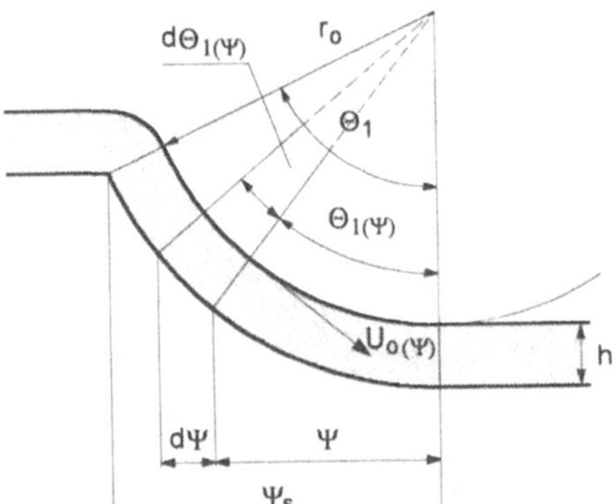

Abb. 41. Geometrie der Oberwalze

11.1.1 Greifwinkel Θ_1

$$\sin\Theta_1 = \frac{\psi_S}{(r_o + h)}.$$

11.1.2 Winkel $\Theta_{1\psi}$ *und* $\delta\Theta_{1\psi}$

$$\sin \Theta_{1\psi} = \frac{\psi}{(r_o + h)}$$

$$\cos \Theta_{1\psi} = \sqrt{1 - \frac{\psi^2}{(r_o + h)^2}}$$

$$\frac{d\Theta_{1\psi}}{d\psi} = \frac{1}{\sqrt{(r_o + h)^2 - \psi^2}}.$$

11.1.3 Antriebsmoment $Md_{0(\psi)}$ *der Oberwalze in Abhängigkeit der Arbeit* $\left(\frac{dW}{d\psi}\right)$

$$Md_{0(\psi)} = \frac{dW_{0(\psi)}}{d\Theta_{1(\psi)}}$$

$$Md_{0(\psi)} = \left(\frac{dW_{0(\psi)}}{d\psi}\right)\sqrt{(r_o + h)^2 - \psi^2}.$$

Nimmt man an, daß die Antriebsarbeit $\frac{dW}{d\psi}$ gleichmäßig auf Ober- und Unterwalze aufgeteilt ist, ist

$$\frac{dW_{0(\psi)}}{d\psi} = \frac{1}{2}\left(\frac{dW}{d\psi}\right).$$

Somit wird

$$Md_{0(\psi)} = \frac{1}{2}\left(\frac{dW}{d\psi}\right)\sqrt{(r_o + h)^2 - \psi^2}.$$

11.1.4 Antriebsmoment an der Oberwalze mit Reibung $Md_{0(\psi)}$

Die Verhältniswerte der Vertikalkräfte an der Oberwalze, dargestellt in Abb. 42, mit und ohne Reibung verhalten sich wie die Arbeitsanteile

$$\frac{\left(\frac{dP}{dZ}\right)_v + \left(\frac{dP}{dZ}\right)_v \mu\tau \tan \Theta_{1\psi}}{\left(\frac{dP}{dZ}\right)_v} = 1 + \mu\tau \tan \Theta_{1\psi} = 1 + \frac{\mu\tau\psi}{\sqrt{(r_o + h)^2 - \psi^2}}.$$

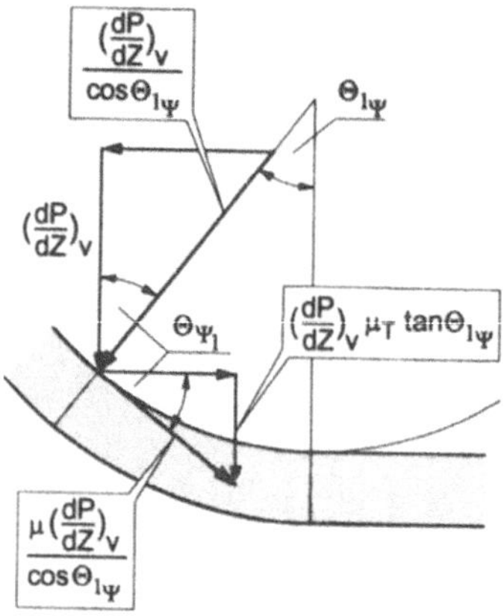

Abb. 42. Kräfteverhältnisse bei Oberwalze

Somit erhält man für den Gesamtmoment an der Oberwalze

$$Md_{O_{(\psi)}} = \frac{1}{2}\left(\frac{dW}{d\psi}\right)\left(\sqrt{(r_o + h)^2 - \psi^2} + \mu\tau\psi\right).$$

11.1.5 Umfangskraft an der Oberwalze $U_{O_{(\psi)}}$

Da der Drehmoment an der Oberwalze $Md_{O_{(\psi)}}$ gleich gesetzt werden kann mit der Umfangskraft $U_{O_{(\psi)}}$ und deren Hebelarm r_o erhält man:

$$U_{O_{(\psi)}} = \frac{1}{2r_o}\left(\frac{dW}{d\psi}\right)\sqrt{(r_o + h)^2 - \psi^2}.$$

11.1.6 Bestimmung der Anstellkraft P_V für Ober- und Unterwalze

$$U_{O_{(\psi)}} = P_N \mu\tau$$

$$P_V = P_N \cos\Theta_{1\psi} + P_N \mu\tau \sin\Theta_{1\psi}$$

$$P_{V_{(\psi)}} = U_{O_{(\psi)}}\left(\frac{1}{\mu\tau}\sqrt{1 - \frac{\psi^2}{(r_o + h)^2}} + \frac{\psi}{(r_o + h)}\right).$$

Nach Einsetzen von $U_{O_{(\psi)}}$ daher:

$$P_{V_{(\psi)}} = \frac{(r_o + h)}{r_o}\left(\frac{dW}{d\psi}\right)\left\{\frac{1}{\mu\tau}\left(1 - \frac{\psi^2}{(r_o + h)^2}\right) + \frac{\psi\sqrt{\frac{1 - \psi^2}{(r_o + h)^2}}}{(r_o + h)}\right\}.$$

Es ist dabei zu beachten, daß zur Bestimmung der Vertikalkraft, die für Ober- und

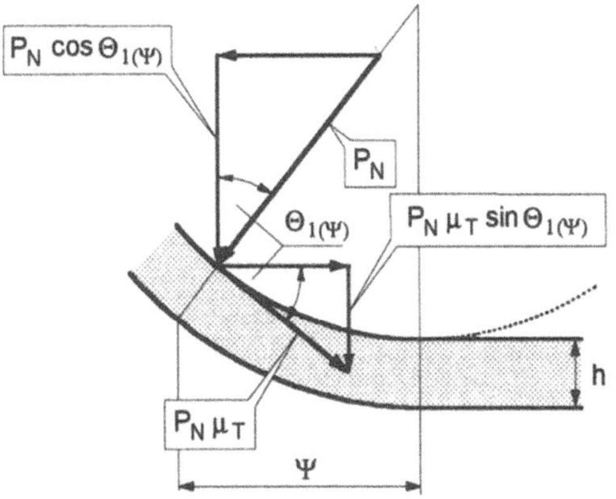

Abb. 43. Kräfteverhältnisse bei Oberwalze

Unterwalze gleich groß sein muß, die Gesamtarbeit für Ober- und Unterwalze eingesetzt wird, und nicht deren Hälfte, wie es für die Bestimmung der Drehmomente erforderlich war. Es ist notwendig zu wissen, daß $\mu\tau$ nie Null werden kann, da sonst keine Drehmomentübertragung möglich wäre und der Umformvorgang nicht vor sich gehen kann – s. Abb. 43.

11.2 Unterwalze

Abbildung 44 illustriert die Geometrie der Unterwalze.

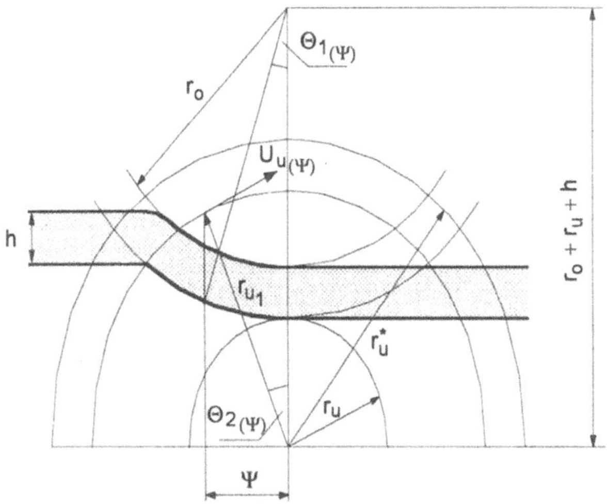

Abb. 44. Geometrie der Unterwalze

11.2.1 Greifwinkel Θ_2

$$\sin\Theta_2 = \frac{\psi s}{r_{u_1}}.$$

11.2.2 Winkel $\Theta_{2_{(\psi)}}$ *und* $d\Theta_{2_{(\psi)}}$

$$\sin\Theta_{2_{(\psi)}} = \frac{\psi}{r_{u_1}}$$

$$\cos\Theta_{2_{(\psi)}} = \sqrt{\frac{1-\psi^2}{r_{u_1}^2}}$$

$$\frac{d\Theta_{2_{(\psi)}}}{d\psi} = \frac{1}{\sqrt{r_{u_1}^2 - \psi^2}}.$$

11.2.3 Antriebsmoment $Md_{u_{(\psi)}}$ *an der Unterwalze in Abhängigkeit von* $\left(\frac{dW}{d\psi}\right)$

$$Md_{u_{(\psi)}} = \frac{dWu_{(\psi)}}{d\Theta_{2_{(\psi)}}}$$

$$Md_{u_{(\psi)}} = \left(\frac{dWu_{(\psi)}}{d_{\psi}}\right)\sqrt{r_{u_1}^2 - \psi^2}.$$

Unter Annahme der gleichmäßigen Gesamtarbeitsverteilung auf Ober- und Unterwalze daher

$$\frac{dWu_{(\psi)}}{d\psi} = \frac{1}{2}\left(\frac{dW}{d\psi}\right)$$

$$Md_{u_{(\psi)}} = \frac{1}{2}\left(\frac{dW}{d\psi}\sqrt{r_{u_1}^2 - \psi^2}\right).$$

11.2.4 Umfangskraft an der Unterwalze

$$Md_{u_{(\psi)}} = U_{u_{(\psi)}} r_{u_1}$$

$$U_{u_{(\psi)}} = \frac{1}{2r_{u_1}}\left(\frac{dW}{d\psi}\right)\sqrt{r_{u_1}^2 - \psi^2}$$

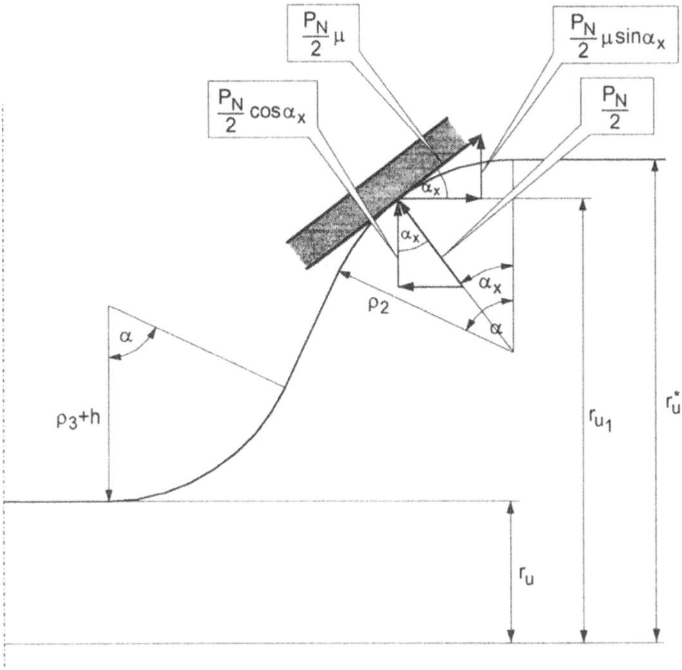

Abb. 45. Kräfteverhältnisse Unterwalze

Den radialen Schritt durch die Unterwalze zeigt Abb. 45. Da der Krümmungsradius ρ_2 meist sehr klein ist, ist als Grobabschätzung $r_{u_1} \approx r_u^*$ zulässig.

11.3 Bestimmung von $\frac{L}{2}$ an der Unterwalze*

$$r_u^* - (\rho_2 + \rho_3 + h)(1 - \cos\alpha) - r_u = \left(\frac{L}{2} + \rho_2(1 - \sin\alpha) - (\rho_3 + h)\sin\alpha\right)\tan\alpha$$

$$\frac{L}{2} + \rho_2 = (\rho_2 + \rho_3 + h)\sin\alpha + \frac{(r_u^* - r_u - (\rho_2 + \rho_3 + h)(1 - \cos\alpha))}{\tan\alpha}$$

* Siehe dazu Abb. 46.

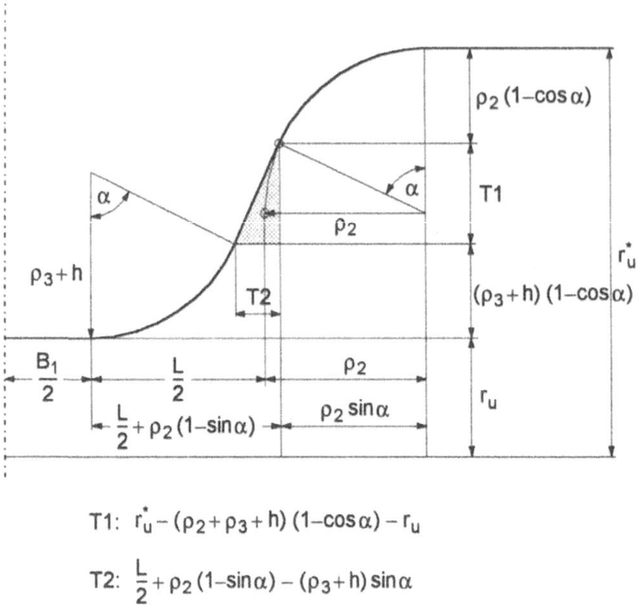

Abb. 46. Geometrie der Unterwalze zur Bestimmung von $\frac{L}{2}$

11.4 Bestimmung von ρ_{u_1} für $\frac{B_0}{2} \geq \frac{B_1}{2} + \frac{L}{2} + \rho_2$

Abbildungen 47 und 48 zeigen die Geometrie an der Unterwalze. Die Höhe des Kegels ist

$$A = \frac{r_u^*}{\tan \alpha}$$

$$\frac{r_u^*}{\sin \alpha} = 2a \tan(90 - 2\alpha) = 2a \frac{(1 - \tan^2 \alpha)}{2 \tan \alpha}$$

$$a = \frac{r_u^*}{\cos \alpha (1 - \tan^2 \alpha)} \quad \ldots\ldots \text{ Halbachse der Ellipse}$$

$$\frac{r_u^*}{A} = \frac{r_1}{A + a \sin \alpha}$$

$$a = (x^* + r_1) \cos \alpha$$

$$x^{*2} + b^2 = r_1^2$$

$$b = \sqrt{\frac{r_u^*}{\cos^2 \alpha (1 - \tan^2 \alpha)} \left(2r_1 - \frac{r_u^*}{\cos^2 \alpha (1 - \tan^2 \alpha)} \right)}$$

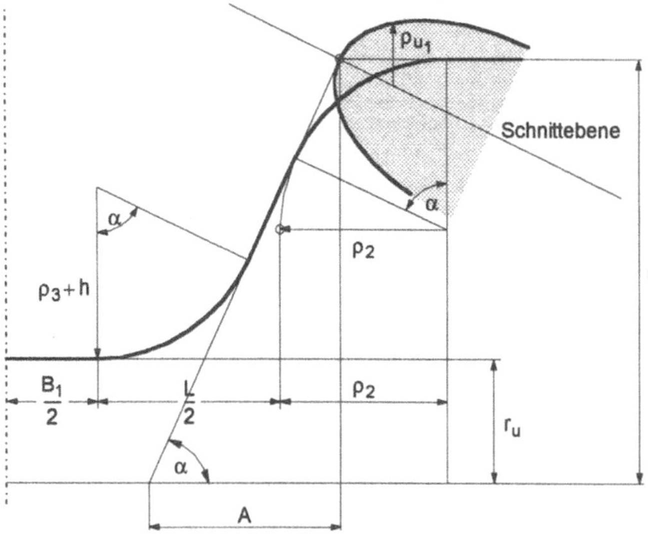

Abb. 47. Unterwalze: Bestimmung des Krümmungsradius ρ_{u_1}

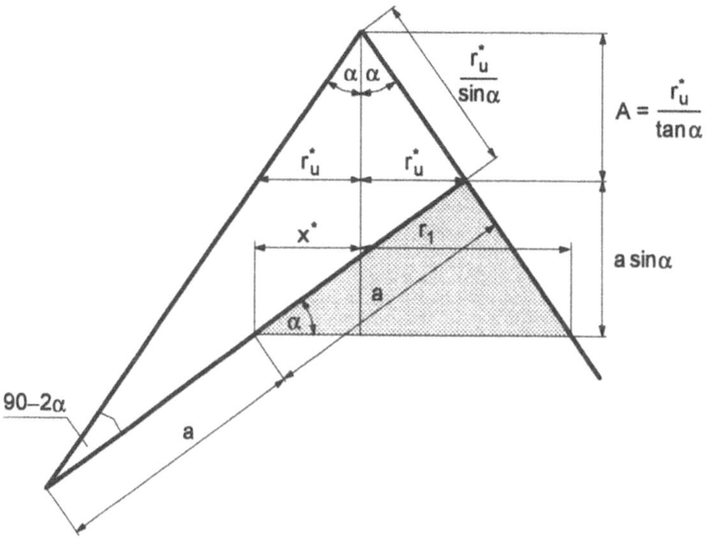

Abb. 48. Unterwalze: Schnittebene

$$b = \frac{r_u^*}{(\cos^2\alpha - \sin^2\alpha)}\sqrt{2 - \frac{1}{\cos^2\alpha}} \quad \ldots\ldots \text{ Halbachse der Ellipse.}$$

Die Ellipse ist somit durch die beiden Halbachsen a nach b gekennzeichnet. Der gesuchte Krümmungsradius ρ_{u_1} im Scheitelpunkt der Ellipse ist dann:

$$\rho_{u_1} = \frac{r_u^*\left(2 - \frac{1}{\cos^2\alpha}\right)}{\cos\alpha(1 - \tan^2\alpha)}.$$

11.5 Bestimmung von ρ_{u_1} für $\frac{B_0}{2} \leq \frac{B_1}{2} + \frac{L}{2} + \rho_2$

Abbildungen 49 und 50 zeigen der Geometrie der Unterwalze. Aus der Volumskonstanz ist

$$\delta H_0 = \left(\frac{B_0 - B_1}{2}\right) - \left(\rho_3 + \frac{h}{2}\right)\alpha_X$$

$$A = \frac{r_u^* - \rho_2(1 - \cos\alpha)}{\tan\alpha}$$

$$\frac{r_u^* - \rho_2(1 - \cos\alpha)}{A} = \frac{r_{u_3}}{(\rho_3 + h)\sin\alpha_X + \delta H_0 \cos\alpha_X - \left(\frac{L}{2} + \rho_2(1 - \cos\alpha) - A\right)}$$

$$\frac{r_{u_3}}{\sin\alpha} = 2a\tan(90 - 2\alpha) = \frac{2a(1 - \tan^2\alpha)}{2\tan\alpha}$$

$$a = \frac{r_{u_3}}{\cos\alpha(1 - \tan^2\alpha)} \quad \ldots\ldots \text{ Halbachse der Ellipse}$$

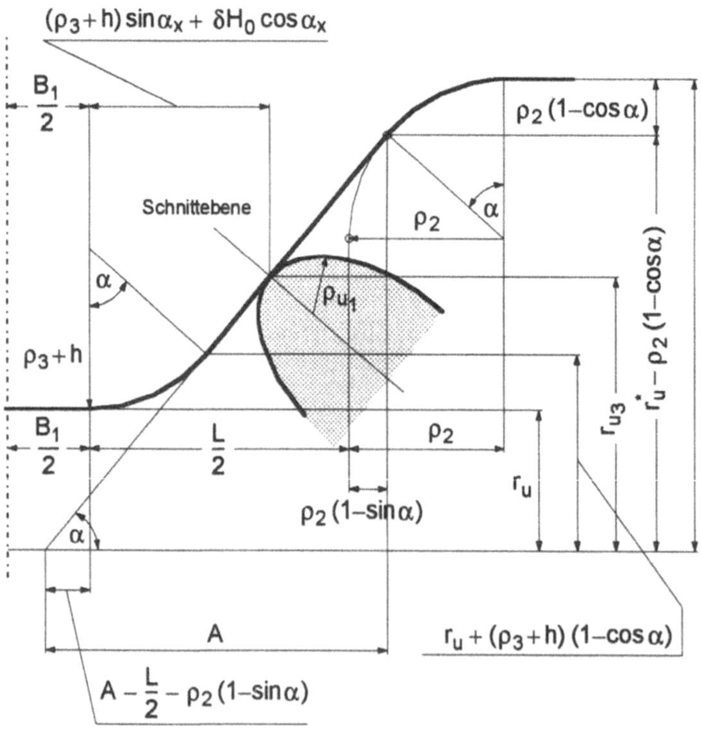

Abb. 49. Unterwalze: Bestimmung des Krümmungsradius ρ_{u_1}

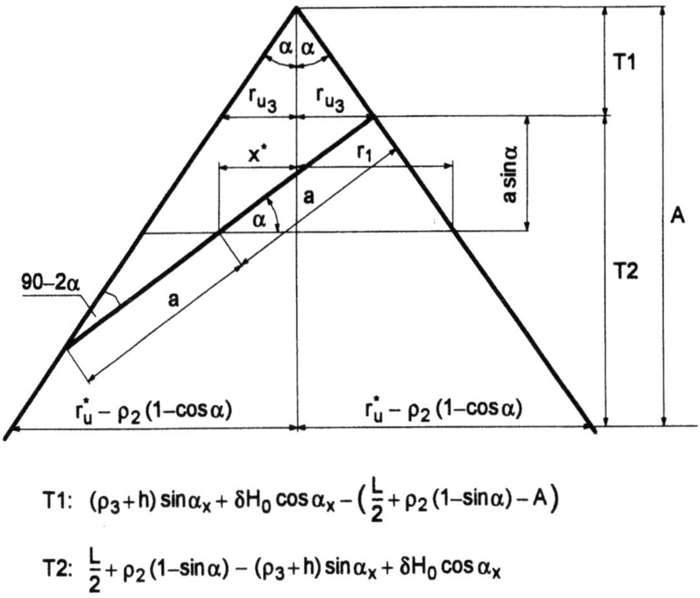

Abb. 50. Unterwalze: Schnittebene

$$r_1 = r_{u_3}\left\{1 + \frac{r_{u_3}\tan\alpha}{(1-\tan^2\alpha)\left[(\rho_3+h)\sin\alpha_X + \delta H_0\cos\alpha_X - \left(\frac{L}{2} + \rho_2(1-\sin\alpha) - A\right)\right]}\right\}$$

$$a = (x^* + r_1)\cos\alpha$$

$$x^{*2} + b^2 = r_1^2$$

$$b = \sqrt{\frac{a}{\cos\alpha}\left(2r_1 - \frac{a}{\cos\alpha}\right)} \quad \ldots\ldots \text{ Halbachse der Ellipse}$$

$$\rho_{u_1} = \frac{1}{\cos\alpha}\left(2r_1 - \frac{a}{\cos\alpha}\right).$$

11.6 Bestimmung* der Verformungslänge ψ_s und vertikaler Weg der Oberwalze s

$$s = \sqrt{r_u^{*2} - \psi^2} + \sqrt{(r_o+h)^2 - \psi^2} - (r_o + r_u + h) = y_2 - y_1$$

$$y_1 = r_o + r_u + h - \sqrt{(r_o+h)^2 - \psi^2}$$

$$y_2 = \sqrt{r_u^{*2} - \psi^2}.$$

* Dargestellt in Abb. 51.

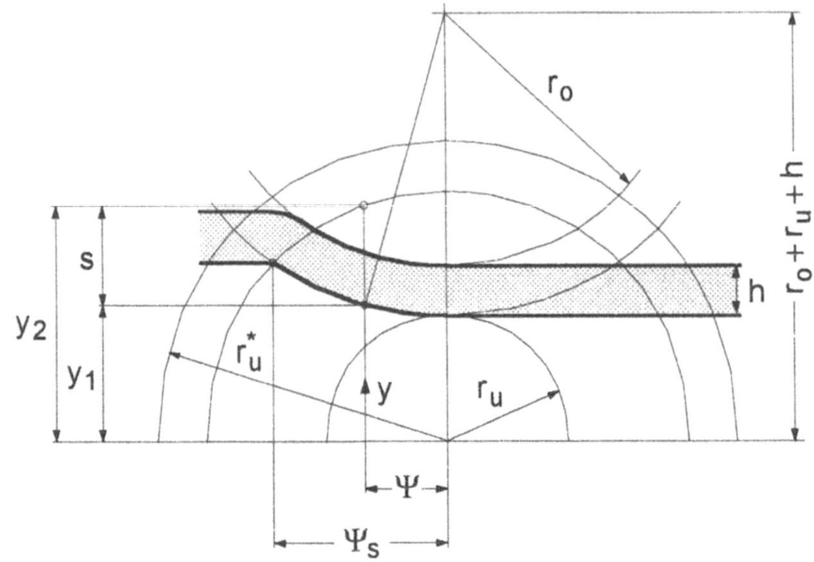

Abb. 51. Bestimmung von ψ_s

Für $y_1 = y_2$ ist $\psi = \psi_s$ und man erhält nach Umformung:

$$\psi_s = \frac{\sqrt{4r_u^{*2}(r_o+h)^2 - [r_u^{*2} - r_u^2 - 2r_u(r_o+h)]^2}}{2(r_o+r_u+h)}.$$

11.7 Bestimmung von δH_0 und r_{u_1} für $\frac{B_0}{2} \geq \frac{B_1}{2} + \frac{L}{2} + \rho_2$

$$\sqrt{r_u^{*2} - \psi^2} - s = r_o + r_u + h - \sqrt{(r_o+h)^2 - \psi^2}$$

$$s = \delta H_0 \sin\alpha_x + \rho_2(1-\cos\alpha_x) + (\rho_3+h)(1-\cos\alpha_x)$$

$$\delta H_0 = \frac{s - (\rho_2+\rho_3+h)(1-\cos\alpha_x)}{\sin\alpha_x}.$$

Setzt man den ermittelten Wert von s ein, erhält man:

$$\delta H_0 = \frac{\sqrt{r_u^{*2}-\psi^2} + \sqrt{(r_o+h)^2-\psi^2} - (r_o+r_u+h) - (\rho_2+\rho_3+h)(1-\cos\alpha_x)}{\sin\alpha_x}$$

$$r_{u_1} = \sqrt{r_u^{*2}-\psi^2} - \rho_2(1-\cos\alpha_x).$$

Siehe dazu Abb. 52.

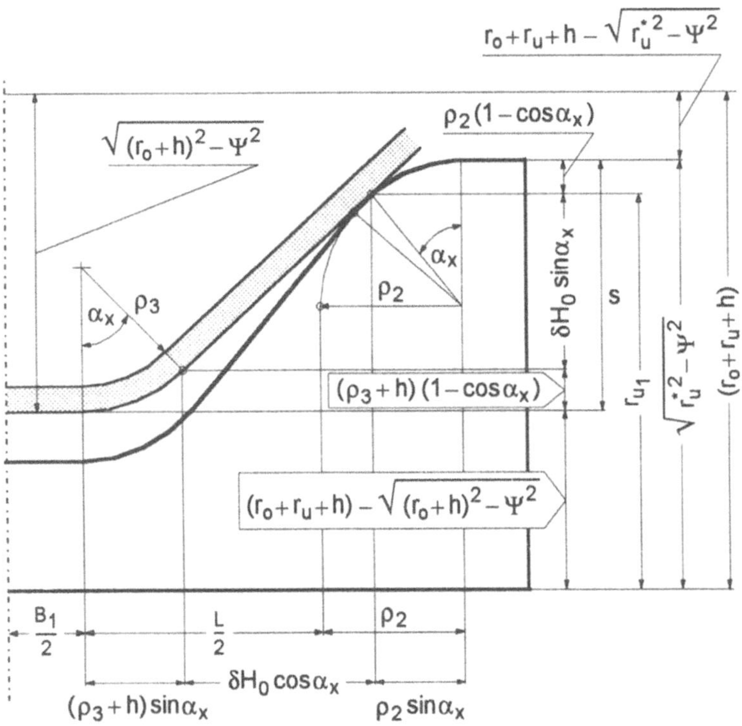

Abb. 52. Geometrie der Unterwalze zur Bestimmung von s und δH_0

11.8 Bestimmung von δH_0 und r_{u_1} für $\frac{B_0}{2} \le \frac{B_1}{2} + \frac{L}{2} + \rho_2$

Aus Volumskonstanz:

$$\delta H_0 = \left(\frac{B_0 - B_1}{2}\right) - \left(\rho_3 + \frac{h}{2}\right)\alpha_x$$

$$r_{u_1} = r_o + r_u + h - \sqrt{(r_o + h)^2 - \psi^2} + (\rho_3 + h)(1 - \cos\alpha_x) + \delta H_0 \sin\alpha_x.$$

Die vereinfachten Annahmen, die der Bestimmung von δH_0 zu Grunde gelegt werden, wurden durch Bestimmung der tatsächlichen Schnittkurven überprüft. In allen untersuchten Fällen waren die Abweichungen bei der Bestimmung von δH_0 so gering, daß eine genauere Bestimmung keinen wesentlichen Beitrag zur Verbesserung der Genauigkeit bei der Bestimmung der Antriebsarbeit und der Anstellkraft leistet. Die Abb. 53–56 zeigen einige Beispiele der genaueren Ermittlung der Schnittkurven. Der Reibungseinfluß wurde ebenfalls aus den einfacheren Preßversuchen übernommen, da eine genauere Erfassung desselben keine wesentliche Verbesserung der Gesamtarbeit bewirkte.

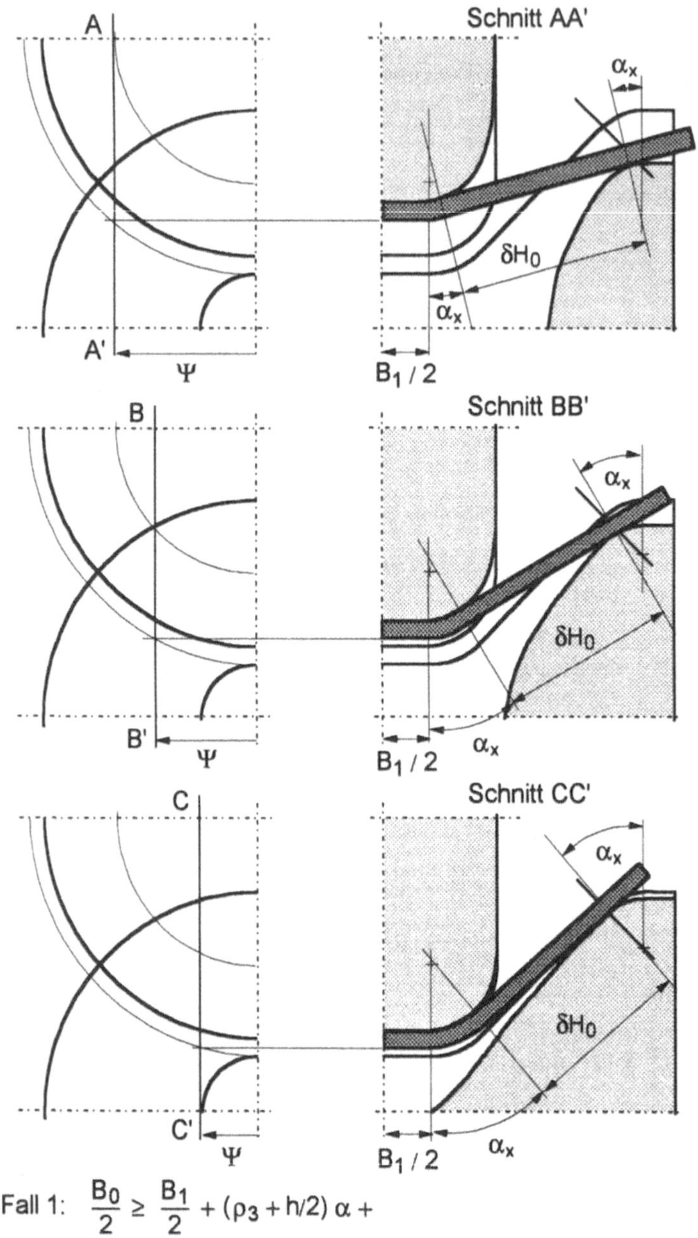

Fall 1: $$\frac{B_0}{2} \geq \frac{B_1}{2} + (\rho_3 + h/2)\,\alpha + \frac{[r_u^* - r_u + \cos(\alpha - 1)]\,(\rho_2 + \rho_3 + h)}{\sin\alpha\, B_0} = \text{Blechbreite}$$

Abb. 53. Schnitt durch Ober- und Unterwalze

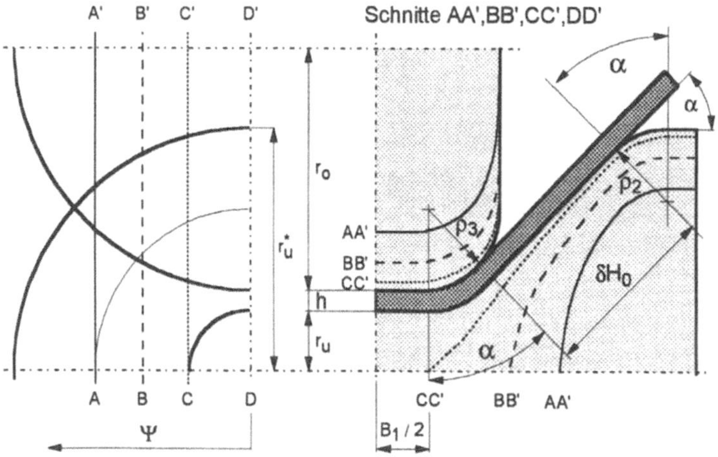

Fall 1: $\frac{B_0}{2} \geq \frac{B_1}{2} + (\rho_3 + h/2)\,\alpha +$

$$+ \frac{[r_u^* - r_u + \cos(\alpha - 1)]\,(\rho_2 + \rho_3 + h)}{\sin\alpha\; B_0} = \text{Blechbreite}$$

Abb. 54. Schnitt durch Ober- und Unterwalze

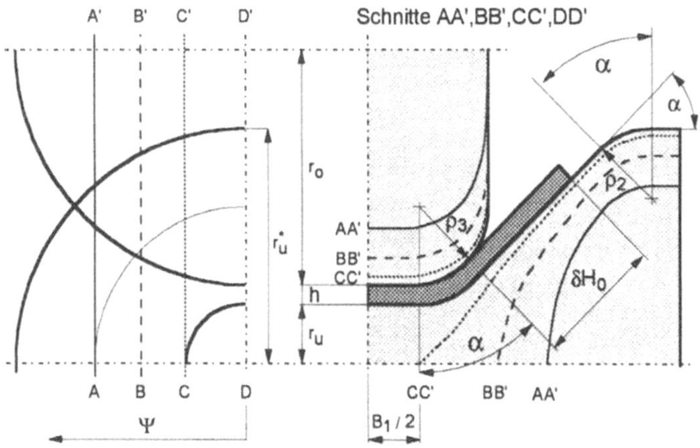

Fall 2: $\frac{B_0}{2} \leq \frac{B_1}{2} + (\rho_3 + h/2)\,\alpha +$

$$+ \frac{[r_u^* - r_u + \cos(\alpha - 1)]\,(\rho_2 + \rho_3 + h)}{\sin\alpha\; B_0} = \text{Blechbreite}$$

Abb. 55. Schnitt durch Ober- und Unterwalze

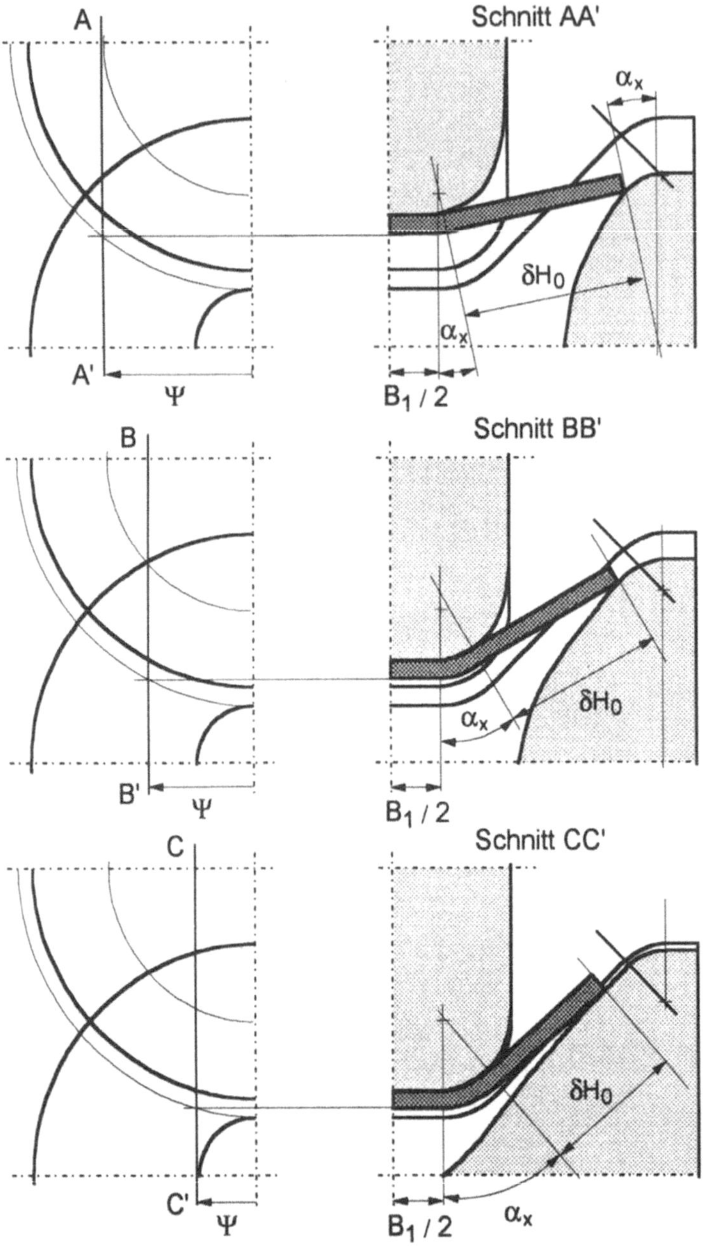

Fall 2: $\frac{B_0}{2} \leq \frac{B_1}{2} + (\rho_3 + h/2)\,\alpha +$

$$\frac{[r_u^* - r_u + \cos(\alpha - 1)]\,(\rho_2 + \rho_3 + h)}{\sin\alpha\; B_0} = \text{Blechbreite}$$

Abb. 56. Schnitt durch Ober- und Unterwalze

11.9 Bestimmung der Arbeitsanteile $\frac{dW}{d\psi}$.

Bezeichnet man:

$$C_1 = \frac{\sigma_0 h^2}{4}\left\{1 - \frac{m}{E} + \frac{mh}{6\sigma_0\left(\rho_3 + \frac{h}{2}\right)}\right\}$$

$$\eta_{Fx_1=0} = \frac{\sigma_0}{E}\left(\rho_3 + \frac{h}{2}\right)$$

$$C_2 = \frac{2}{3}\frac{\sigma_0^3 h^2}{E}\left\{\frac{\left(1-\frac{m}{E}\right)}{4}\left(\frac{h}{2} - \eta_{Fx_1=0}\right) + \frac{mh}{24E}\ln\left(\frac{h}{2\eta_{Fx_1=0}}\right) - \right.$$

$$\left. - \frac{2}{9}\frac{\left(1-\frac{m}{E}\right)}{h^2}\left(\frac{h^3}{8} - \eta^3_{Fx_1=0}\right)\right\}$$

$$C_3 = \sigma_0\left(1 - \frac{m}{E}\right)\left\{\frac{h^2}{4} - \frac{\sigma_0^2}{3E^2}\left(\rho_3 + \frac{h}{2}\right)^2\right\}$$

$$C_4 = \frac{\sigma_0^3 h^3}{108E}$$

$$C_5 = \frac{\sigma_0 h^2}{4}\left\{1 - \frac{m}{E} + \frac{mh}{6\sigma_0\left(r_o + \frac{h}{2}\right)}\right\}$$

$$C_6 = \frac{\sigma_0 h^2}{4}\left\{1 - \frac{m}{E} + \frac{mh}{6\sigma_0\left(r_{u_1} + \frac{h}{2}\right)}\right\}$$

erhält man folgende Arbeitsbeträge für ein U-Profil (2 Schenkel):

11.9.1 Biegung (dargestellt in Abb. 57)

$$\left(\frac{dW}{d\psi}\right)_1 = 2\left[\alpha_x C_1 + \left(\frac{2C_2 + C_4}{C_3}\right)\delta H_0\right](1 + \mu \tan \alpha_x)$$

für

$$\frac{B_0}{2} \geq \frac{B_1}{2} + \frac{L}{2} + \rho_2$$

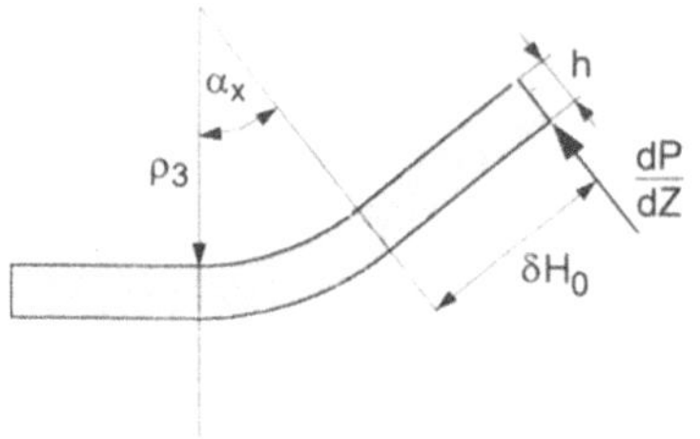

Abb. 57. Belastungsschema durch Biegung um Oberwalze

$$\left(\frac{dW}{d\psi}\right)_1 = 2\left[\alpha_x C_1 + \left(\frac{2C_2 + C_4}{C_3}\right)\delta H_0\right](1 + \mu \sin\alpha\cos\alpha + \mu\sin^2\alpha\tan\alpha_x)$$

für

$$\frac{B_0}{2} \leq \frac{B_1}{2} + \frac{L}{2} + \rho_2.$$

11.9.2 Biegung der Fläche* $B_1(r_o + h)d\Theta_{1(\psi)}$ *um den Biegeradius* $\left(r_o + \frac{h}{2}\right)$

Es wird vereinfacht angenommen, daß die Basisfläche B_1 mit den beiden Schenkeln nicht verbunden ist, und daher nur diese um den Oberwalzenradius gebogen und rückgebogen wird (siehe Abb. 59).

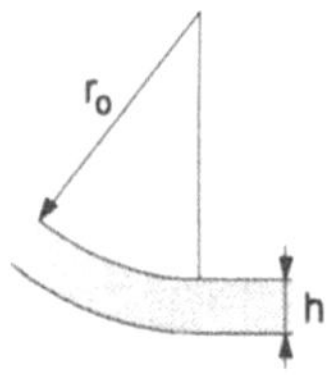

Abb. 58. Biegung der Fläche $B_1(r_o + h)d\Theta_{1(\psi)}$ um die Oberwalze

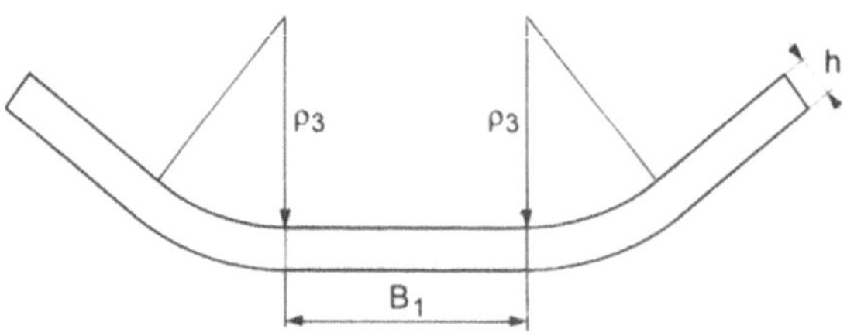

Abb. 59. Biegung der Fläche $B_1\,(r_o + h)d\Theta_{1(\psi)}$ um die Oberwalze

* Siehe Abb. 58.

Man erhält mit dieser Annahme:

$$dW = 2C_5 B_1 d\Theta_{1(\psi)}.$$

Mit $d\Theta_{1(\psi)}$ aus Kapitel 1.2 somit

$$\left(\frac{dW}{d\psi}\right)_2 = \frac{2C_5 B_1}{\sqrt{(r_o + h)^2 - \psi^2}}$$

für Hin- und Rückbiegung in jedem Umformgerüst.

11.9.3 Biegung der beiden Schenkel

Nimmt man an, daß die beiden Schenkel ohne Zusammenhang mit der Fläche B_1 stehen, so müßten diese um die Unterwalze gebogen werden. Der Biegeradius ist dabei $\rho_{u_1} + \frac{h}{2}$. Für 2 Schenkel erhält man mit Hin- und Rückbiegung

$$\left(\frac{dW}{d\psi}\right)_3 = \frac{4C_6 \bar{H}_0}{\left(\rho_{u_1} + \frac{h}{2}\right)}$$

$$\bar{H}_0 = \left(\frac{B_0 - B_1}{2}\right) - \left(\rho_3 + \frac{h}{2}\right)\alpha_x.$$

Damit ergeben sich folgende Arbeitsanteile der Gesamtarbeit $\frac{dW}{d\psi}$

$$\frac{dW}{d\psi} = \left(\frac{dW}{d\psi}\right)_1 + \left(\frac{dW}{d\psi}\right)_2 + \left(\frac{dW}{d\psi}\right)_3.$$

Die Gesamtarbeit für ein Walzgerüst ist demnach

$$W = \int_0^{\psi_s} \left(\frac{dW}{d\psi}\right) d\psi.$$

Die Gesamtarbeit für die gesamte Bandlänge l_0 in einem Walzgerüst

$$W_{ges} = \frac{W l_0}{\psi_s}.$$

11.9.4 Bestimmung von $\psi_s = f(\alpha)$

Geht man von der abgeleiteten Gleichung für ψ_s aus

$$\psi_s = \frac{\sqrt{4r_u^{*2}(r_o + h)^2 - (r_u^{*2} - 2r_u(r_o + h) - r_u^2)^2}}{2(r_o + r_u + h)}$$

läßt sich daraus der Ausdruck

$$r_u^* - r_u = \frac{2(r_o + r_u + h)}{(r_u^* + r_u)}[(r_o + h) \pm \sqrt{(r_o + h)^2 - \psi_s^2}]$$

bestimmen.

Aus den geometrischen Beziehungen der Unterwalze erhält man

$$r_u^* - r_u = (\rho_2 + \rho_3 + h)(1 - \cos\alpha) + \left(\frac{L}{2} + \rho_2 - (\rho_2 + \rho_3 + h)\sin\alpha\right)\tan\alpha.$$

Durch Gleichsetzen beider Ausdrücke ergibt sich für ψ_s

$$\psi_s = \sqrt{(r_o + h)^2 - \left\{\frac{(r_u^* + r_u)}{2(r_o + r_u + h)}\left[(\rho_2 + \rho_3 + h)\left(1 - \frac{1}{\cos\alpha}\right) + \left(\frac{L}{2} + \rho_2\right)\tan\alpha\right] - (r_o + h)\right\}^2}.$$

11.10 Rechengang für das 1. Verformungsgerüst

11.10.1 ψ_{s_1}

$$\psi_{s_1} = \frac{\sqrt{4r_{u_1}^{*2}(r_{o_1} + h)^2 - (r_{u_1}^{*2} - r_{u_1}^2 - 2r_{u_1}(r_{o_1} + h))^2}}{2(r_{o_1} + r_{u_1} + h)}.$$

11.10.2 ψ_1

$$\psi_1 = \psi_{s_1}\left(1 - \frac{\alpha_x}{\alpha_1}\right).$$

11.10.3 $\frac{L}{2} + \rho_2$

$$\frac{L}{2} + \rho_2 = (\rho_2 + \rho_3 + h)\sin\alpha_1 + \left(\frac{r_{u_1}^* - r_{u_1} - (\rho_2 + \rho_3 + h)(1 - \cos\alpha_1)}{\tan\alpha_1}\right).$$

11.10.4 δH_{0_1}

a) Für $\alpha_x = 0$ ist $\delta H_{0_1} = \frac{L}{2} + \rho_2$.

b) Für $0 \leq \alpha_x \leq \alpha_1$ und $\frac{B_0}{2} \leq \frac{B_1}{2} + \frac{L}{2} + \rho_2$

$$\delta H_{0_1} = \left(\frac{B_0 - B_1}{2}\right) - \left(\rho_3 + \frac{h}{2}\right)\alpha_x.$$

c) Für $0 \leq \alpha_x \leq \alpha_1$ und $\frac{B_0}{2} \geq \frac{B_1}{2} + \frac{L}{2} + \rho_2$

$$\delta H_{0_1} = \frac{\sqrt{r_{u_1}^{*2} - \psi_1^2} + \sqrt{(r_{o_1} + h)^2 - \psi_1^2} - (r_{o_1} + r_{u_1} + h) - (\rho_2 + \rho_3 + h)(1 - \cos\alpha_x)}{\sin\alpha_x}.$$

11.10.5 $\eta_{Fx_1=0}$, C_1, C_2, C_3, C_4, C_5, C_6

$$\eta_{Fx_1=0} = \frac{\sigma_0}{E}\left(\rho_3 + \frac{h}{2}\right)$$

$$C_1 = \frac{\sigma_0 h^2}{4}\left\{1 - \frac{m}{E} + \frac{mh}{6\sigma_0\left(\rho_3 + \frac{h}{2}\right)}\right\}$$

$$C_2 = \frac{2}{3}\frac{\sigma_0^3 h^2}{E}\left\{\frac{\left(1 - \frac{m}{E}\right)}{4}\left(\frac{h}{2} - \eta_{Fx_1=0}\right) + \frac{mh}{24E}\ln\left(\frac{h}{2\eta_{Fx_1=0}}\right) - \right.$$

$$\left. - \frac{2}{9}\frac{\left(1 - \frac{m}{E}\right)}{h^2}\left(\frac{h^3}{8} - \eta_{Fx_1=0}^3\right)\right\}$$

$$C_3 = \sigma_0\left(1 - \frac{m}{E}\right)\left\{\frac{h^2}{4} - \frac{\sigma_0^2}{3E^2}\left(\rho_3 + \frac{h}{2}\right)^2\right\}$$

$$C_4 = \frac{\sigma_0^3 h^3}{108E}$$

$$C_5 = \frac{\sigma_0 h^2}{4}\left\{1 - \frac{m}{E} + \frac{mh}{6\sigma_0\left(r_{o_1} + \frac{h}{2}\right)}\right\}$$

$$C_6 = \frac{\sigma_0 h^2}{4}\left\{1 - \frac{m}{E} + \frac{mh}{6\sigma_0\left(\rho_{u_1} + \frac{h}{2}\right)}\right\}.$$

11.10.5.1 ρ_{u_1} für $\frac{B_0}{2} \geq \frac{B_1}{2} + \frac{L}{2} + \rho_2$

$$\rho_{u_1} = \frac{r^*_{u_1}\left(2 - \frac{1}{\cos^2\alpha_1}\right)}{\cos\alpha_1(1 - \tan^2\alpha_1)}.$$

11.10.5.2 ρ_{u_1} für $\frac{B_0}{2} \leq \frac{B_1}{2} + \frac{L}{2} + \rho_2$

$$\delta H_0 = \left(\frac{B_0 - B_1}{2}\right) - \left(\rho_3 + \frac{h}{2}\right)\alpha_x$$

$$A = \frac{r^*_{u_1} - \rho_2(1 - \cos\alpha_1)}{\tan\alpha_1}$$

$$r_{u_3} = \tan\alpha_1\left((\rho_3 + h)\sin\alpha_x + \delta H_0\cos\alpha_x - \left(\frac{L}{2} + \rho_2(1 - \cos\alpha_1) - A\right)\right)$$

$$a = \frac{r_{u_3}}{\cos\alpha_1(1 - \tan^2\alpha_1)}$$

$$r_1 = r_{u_3}\left\{1 + \frac{r_{u_3}\tan\alpha_1}{(1 - \tan^2\alpha_1)\left((\rho_3 + h)\sin\alpha_x + \delta H_0\cos\alpha_x - \left[\frac{L}{2} + \rho_2(1 - \sin\alpha_1) - A\right]\right)}\right\}$$

$$b = \sqrt{\frac{a}{\cos\alpha_1}\left(2r_1 - \frac{a}{\cos\alpha_1}\right)}$$

$$\rho_{u_1} = \frac{1}{\cos\alpha_1}\left(2r_1 - \frac{a}{\cos\alpha_1}\right)$$

11.10.6 Antriebsarbeit in Abhängigkeit von Ψ_1 oder α_x im 1. Verformungsgerüst

a) $\left(\frac{dW}{d\psi}\right)_{\#_1}$ für $\frac{B_0}{2} \geq \frac{B_1}{2} + \frac{L}{2} + \rho_2$

$$\left(\frac{dW}{d\psi}\right)_{\#_1} = 2\left(\alpha_x C_1 + \left(\frac{2C_2 + C_4}{C_3}\right)\delta H_0\right)(1 + \mu\tan\alpha_x) +$$
$$+ \frac{2C_5 B_1}{\sqrt{(r_{o_1} + h)^2 - \psi_1^2}}\left(1 + \frac{\mu\tau\psi_1}{\sqrt{(r_{o_1} + h)^2 - \psi_1^2}}\right) +$$
$$+ \frac{4C_6}{\left(\rho_{u_1} + \frac{h}{2}\right)}\left(\frac{(B_0 - B_1)}{2} - \left(\rho_3 + \frac{h}{2}\right)\alpha_x\right).$$

b) $\left(\frac{dW}{d\psi}\right)_{\#_1}$ für $\frac{B_0}{2} \leq \frac{B_1}{2} + \frac{L}{2} + \rho_2$

$$\left(\frac{dW}{d\psi}\right)_{\#_1} = 2\left(\alpha_x C_1 + \left(\frac{2C_2 + C_4}{C_3}\right)\delta H_0\right)(1 + \mu \sin\alpha_1 \cos\alpha_1 + \mu \sin^2\alpha_1 \tan\alpha_x) +$$

$$+ \frac{2C_5 B_1}{\sqrt{(r_{o_1} + h)^2 - \psi_1^2}}\left(1 + \frac{\mu\tau\psi_1}{\sqrt{(r_{o_1} + h)^2 - \psi_1^2}}\right) +$$

$$+ \frac{4C_6}{\left(\rho_{u_1} + \frac{h}{2}\right)}\left(\frac{(B_0 - B_1)}{2} - \left(\rho_3 + \frac{h}{2}\right)\alpha_x\right).$$

c) $W_1 = \int\limits_0^{\psi_{s_1}} \left(\frac{dW}{d\psi}\right)_{\#_1} d\psi$ ..... Arbeit im 1. Verformungsgerüst.

11.10.7 $Md_{(\psi)\#_1}$ *im 1. Verformungsgerüst*

$$Md_{(\psi)\#_1} = \frac{1}{2}\left(\frac{dW}{d\psi}\right)_{\#_1}\left(\sqrt{(r_{o_1} + h)^2 - \psi_1^2} + \sqrt{r_{u_1}^2 - \psi_1^2} + \mu\tau\psi_1\right).$$

Daraus $\bar{M}d_{\#_1} = \frac{1}{\psi_{s_1}} \int\limits_0^{\psi_{s_1}} Md_{(\psi)\#_1} d\psi$ ..... Antriebsmoment im 1. Verformungsgerüst.

$$r_{u_1} = \sqrt{r_{u_1}^{*2} - \psi_1^2} - \rho_2(1 - \cos\alpha_x).$$

11.10.8 $P_{V(\psi)\#_1}$ *im 1. Verformungsgerüst*

$$P_{V(\psi)\#_1} = \frac{(r_{o_1} + h)}{r_{o_1}}\left(\frac{dW}{d\psi}\right)_{\#_1}\left\{\frac{1}{\mu\tau}\left(1 - \frac{\psi_1^2}{(r_{o_1} + h)^2}\right) + \frac{\psi_1\sqrt{1 - \frac{\psi_1^2}{(r_{o_1} + h)^2}}}{(r_{o_1} + h)}\right\}$$

$P_{V_1} = \frac{1}{\psi_{s_1}} \int\limits_0^{\psi_{s_1}} P_{V(\psi)\#_1} d\psi$ ..... Anstellkraft im 1. Verformungsgerüst.

11.11 Rechengang für das 2. Verformungsgerüst

Bezeichnet man mit dem Index 1 das 1. Verformungsgerüst und mit 2 das Zweite, erhält man in Anlehnung an den vorher beschriebenen Rechengang folgende Vorgangsweise:

11.11.1 ψ_{s_2}

$$\psi_{s_2} = \frac{\sqrt{4r_{u2}^{**2}(r_{o_2}+h)^2 - (r_{u2}^{**2} - 2r_{u_2}(r_{o_2}+h) - r_{u_2}^2)^2}}{2(r_{o_2}+r_{u_2}+h)}.$$

a) Für $(1-\sin\alpha_1) \geq (1-\sin\alpha_2)$

ist $r_{u2}^{**} = r_{u_2}^{*} - \rho_2(1-\cos\alpha_1)$.

b) Für $(\rho_3+h)\sin\alpha_1 + \delta H_{0_2}\cos\alpha_1 \leq \frac{L_2}{2} + \rho_2(1-\sin\alpha_2)$

ist $r_{u2}^{**} = r_{u_2}^{*} - \rho_2(1-\cos\alpha_2) - D$.

$$D = \left(\frac{L_2}{2} + \rho_2(1-\sin\alpha_2) - (\rho_3+h)\sin\alpha_1 - \delta H_{0_2}\cos\alpha_1\right)\tan\alpha_2$$

$$\delta H_{0_2} = \left(\frac{B_0 - B_1}{2}\right) - \left(\rho_3 + \frac{h}{2}\right)\alpha_2.$$

11.11.2 ψ_2

$$\psi_2 = \psi_{s_2}\left(1 - \frac{\alpha_x}{\alpha_2}\right).$$

11.11.3 $\frac{L_2}{2} + \rho_2$

$$\frac{L_2}{2} + \rho_2 = (\rho_2+\rho_3+h)\sin\alpha_2 + \left(\frac{r_{u_2}^{*} - r_{u_2} - (\rho_2+\rho_3+h)(1-\cos\alpha_2)}{\tan\alpha_2}\right).$$

11.11.4 δH_0

a) Für $(\rho_3+h)\sin\alpha_1 + \delta H_{0_2}\cos\alpha_1 \leq \frac{L_2}{2} + \rho_2(1-\sin\alpha_2)$

$$\delta H_0 = \left(\frac{B_0 - B_1}{2}\right) - \left(\rho_3 + \frac{h}{2}\right)\alpha_x.$$

Für $\alpha_x = \alpha_1$ ist $\delta H_0 = \left(\frac{B_0 - B_1}{2}\right) - \left(\rho_3 + \frac{h}{2}\right)\alpha_1$.

b) Für $(1-\sin\alpha_1)\geq(1-\sin\alpha_2)$

$$\delta H_0=\frac{\sqrt{[r^*_{u_2}-\rho_2(1-\cos\alpha_x)]^2-\psi_2^2}}{\sin\alpha_x}+$$

$$+\frac{\sqrt{(r_{o_2}+h)^2-\psi_2^2}-(r_{o_2}+r_{u_2}+h)-(\rho_3+h)(1-\cos\alpha_x)}{\sin\alpha_x}.$$

Für $\alpha_x=\alpha_1$ ist $\delta H_0=\dfrac{\dfrac{L_2}{2}+\rho_2-(\rho_2+\rho_3+h)\sin\alpha_1}{\cos\alpha_1}$.

11.11.5 $\eta_{Fx_1=0}$, C_1, C_2, C_3, C_4, C_5, C_6 *gleich wie beim 1. Verformungsgerüst*

$\rho_3\to\rho_3$ des 2. Verformungsgerüstes
$r_{o_1}\to r_{o_2}$ des 2. Verformungsgerüstes
$\rho_{u_1}\to\rho_{u_1}$ des 2. Verformungsgerüstes
$\rho_2\to\rho_2$ des 2. Verformungsgerüstes.

Für $(1-\sin\alpha_1)\geq(1-\sin\alpha_2)$

ist $\rho_{u_1}=\dfrac{r^*_{u_2}\left(2-\dfrac{1}{\cos^2\alpha_2}\right)}{\cos\alpha_2(1-\tan^2\alpha_2)}$.

Für $(\rho_3+h)+\delta H_{0_2}\cos\alpha_1\leq\dfrac{L_2}{2}+\rho_2(1-\sin\alpha_2)$

$$A=\frac{r^*_{u_2}-\rho_2(1-\cos\alpha_2)}{\tan\alpha_2}$$

$$r_{u_3}=\tan\alpha_2\left((\rho_3+h)\sin\alpha_x+\delta H_0\cos\alpha_x-\left(\frac{L_2}{2}+\rho_2(1-\cos\alpha_2)-A\right)\right)$$

$$a=\frac{r_{u_3}}{\cos\alpha_2(1-\tan^2\alpha_2)}$$

$$r_1=r_{u_3}\left\{1+\frac{r_{u_3}\tan\alpha_2}{(1-\tan^2\alpha_2)\left[(\rho_3+h)\sin\alpha_x+\delta H_0\cos\alpha_x-\left(\dfrac{L_2}{2}+\rho_2(1-\sin\alpha_2)-A\right)\right]}\right\}$$

$$b=\sqrt{\frac{a}{\cos\alpha_2}\left(2r_1-\frac{a}{\cos\alpha_2}\right)}$$

$$r_{u_1}=\frac{1}{\cos\alpha_2}\left(2r_1-\frac{a}{\cos\alpha_2}\right).$$

11.11.6 Antriebsarbeit in Abhängigkeit von ψ_2 oder α_x

a) $(1-\sin\alpha_1) \geq (1-\sin\alpha_2) \quad \alpha_1 \leq \alpha_x \leq \alpha_2$

$$\left(\frac{dW}{d\psi}\right)_{\#_2} = 2\left[\alpha_x C_1 + \left(\frac{2C_2 + C_4}{C_3}\right)\delta H_0\right](1 + \mu\tan\alpha_x) + \\ + \frac{2C_5 B_1}{\sqrt{(r_{o_2}+h)^2 - \psi_2^2}}\left[1 + \frac{\mu\tau\psi_2}{\sqrt{(r_{o_2}+h)^2 - \psi_2^2}}\right] + \\ + \frac{4C_6}{\left(\rho_{u_1} + \frac{h}{2}\right)}\left[\left(\frac{B_0 - B_1}{2}\right) - \left(\rho_3 + \frac{h}{2}\right)\alpha_x\right].$$

b) $(\rho_3 + h)\sin\alpha_1 + \delta H_{0_2}\cos\alpha_1 \leq \frac{L_2}{2} + \rho_2(1-\sin\alpha_2)$

$$\left(\frac{dW}{d\psi}\right)_{\#_2} = 2\left[\alpha_x C_1 + \left(\frac{2C_2 + C_4}{C_3}\right)\delta H_0\right](1 + \mu\sin\alpha_2\cos\alpha_2 + \mu\sin^2\alpha_2\tan\alpha_x) + \\ + \frac{2C_5 B_1}{\sqrt{(r_{o_2}+h)^2 - \psi_2^2}}\left[1 + \frac{\mu\tau\psi_2}{\sqrt{(r_{o_2}+h)^2 - \psi_2^2}}\right] + \\ + \frac{4C_6}{\left(\rho_{u_1} + \frac{h}{2}\right)}\left(\frac{(B_0 - B_1)}{2} - \left(\rho_3 + \frac{h}{2}\right)\alpha_x\right).$$

11.11.7 $Md_{(\psi)\#_2}$

$$Md_{(\psi)\#_2} = \frac{1}{2}\left(\frac{dW}{d\psi}\right)_{\#_2}[\sqrt{(r_{o_2}+h)^2 - \psi_2^2} + \sqrt{r_{u_2}^{**2} - \psi_2^2} + \mu\tau\psi_2].$$

Daraus $\bar{M}d_{\#_2} = \frac{1}{\psi_{s_2}}\int_0^{\psi_{s2}} Md\psi_{(\#_2)}\, d\psi_2 \ldots$ Antriebsmoment im 2. Verformungsgerüst.

a) Für $(1-\sin\alpha_1) \geq (1-\sin\alpha_2)$

$$r_{u_2}^{**} = r_{u_2}^{*} - \rho_2(1-\cos\alpha_1).$$

b) Für $(\rho_3 + h)\sin\alpha_1 + \delta H_{0_2}\cos\alpha_1 \leq \frac{L_2}{2} + \rho_2(1-\sin\alpha_2)$

$$r_{u_2}^{**} = r_{u_2}^{*} - \rho_2(1-\cos\alpha_2) - D$$

$$D = \left(\frac{L_2}{2} + \rho_2(1-\sin\alpha_2) - (\rho_3 + h)\sin\alpha_1 - \delta H_{0_2}\cos\alpha_1\right)\tan\alpha_2$$

$$\delta H_{0_2} = \left(\frac{B_0 - B_1}{2}\right) - \left(\rho_3 + \frac{h}{2}\right)\alpha_1.$$

11.11.8 $P_{V(\psi)\#2}$

$$P_{V(\psi)\#_2} = \frac{(r_{o_2}+h)}{r_{o_2}}\left(\frac{dW}{d\psi}\right)_{\#_2}\left\{\frac{1}{\mu\tau}\left(1-\frac{\psi_2^2}{(r_{o_2}+h)^2}\right)+\frac{\psi_2}{(r_{o_2}+h)}\sqrt{1-\frac{\psi_2^2}{(r_{o_2}+h)^2}}\right\}$$

$$P_{V_2} = \frac{1}{\psi_{s2}}\int_0^{\psi_{s2}} P_{V(\psi)\#_2}\, d\psi \ldots \text{ Anstellkraft im 2. Verformungsgerüst.}$$

11.12 Greifbedingung

Werden die Kräfteverhältnisse wie sie in Kapitel 11.1.6 (Abb. 43) dargestellt sind, so angewandt, daß die Horizontalkomponenten am Eintrittspunkt im Gleichgewicht sind, erhält man:

$$P_N \sin\Theta_1 = P_N \mu\tau \cos\Theta_1 .$$

Nach Einsetzen der Winkelfunktionen ergibt sich:

$$\frac{\psi_s}{(r_o+h)} \leq \frac{\mu\tau}{\sqrt{1+\mu\tau^2}}.$$

Verwendet man die Symbole

$$\xi = \frac{r_o+h}{r_u}$$

$$\beta = \left(\frac{r_u^*}{r_u}\right)^2$$

und setzt diese in den geometrischen Zusammenhang für ψ_s ein, erhält man

$$\frac{4r_u^{*2}(r_o+h)^2 - (r_u^{*2} - r_u^2 - 2r_u(r_o+h))^2}{4(r_o+h+r_u)^2} \leq \mu\tau^2 \frac{(r_o+h)^2}{(1+\mu\tau^2)}.$$

Daraus läßt sich der folgende Zusammenhang $\xi = f(\mu\tau, \beta)$ ableiten:

$$\xi = -0{,}5 + \sqrt{\left(0{,}25 - \frac{\sqrt{1+\mu\tau^2}}{2(\sqrt{1+\mu\tau^2}-1)}\right) + \frac{\beta\sqrt{1+\mu\tau^2}}{2(\sqrt{1+\mu^2\tau}-1)}}.$$

Da der Wurzelausdruck nicht negativ sein darf, erhält man daraus die Bedingung:

$$\beta \geq 0{,}5\left(1 + \frac{1}{\sqrt{1+\mu^2\tau}}\right).$$

Bei einer endlichen Schenkellänge wird $\frac{r_u^*}{r_u} = \sqrt{\beta}$ immer größer als 1 sein.

In Tabelle 1 ist beispielhaft gezeigt, wie bei gegebenen $\frac{r_u^*}{r_u}$-Werten, die in der Praxis verwendeten ξ-Werte im Vergleich zu den gerechneten ξ-Werten liegen.

Tabelle 1

	Praktische Ist-Werte			Berechnete Werte			
Gerüst	$\frac{r_u^*}{r_u}$	β	$\xi = \frac{r_o + h}{r_u}$	$\mu\tau$	$\xi = \frac{r_o + h}{r_u}$		
1	1,155	1,334	1,37	0,5	0,8536	$\mu\tau = 0{,}33$	$\xi = 1{,}388$
2	1,3	1,69	1,37	0,5	1,376		
3	1,344	1,806	1,71	0,5	1,517		
4	1,555	2,418	2,38	0,5	2,1396		
5	1,777	3,158	2,38	0,5	2,736		
6	1,777	3,158	2,38	0,5	2,736		

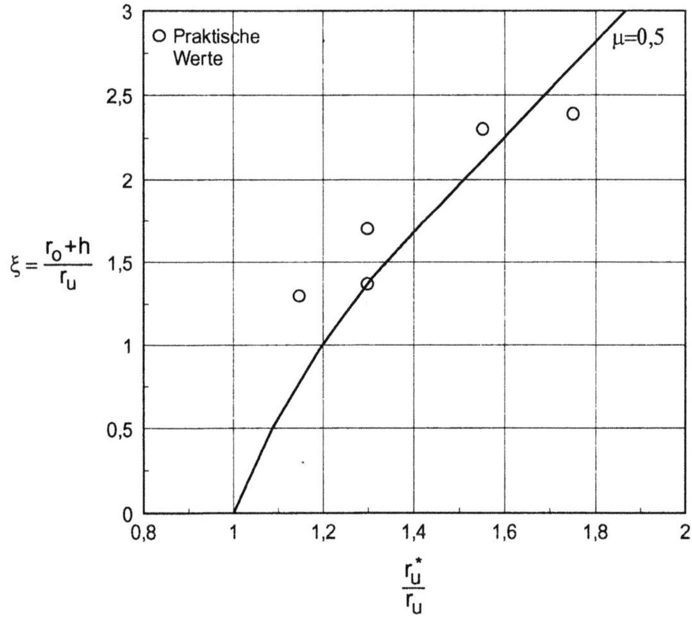

Abb. 60. Radienverhältnisse an Ober- und Unterwalze

Man kann aus Abb. 60 erkennen, daß der Verhältniswert ξ — wie er berechnet werden kann – mit der Praxis gut übereinstimmt, wenn für das 1. Verformungsgerüst $\mu\tau = 0{,}33$ und für alle übrigen Verformungsgerüste $\mu\tau = 0{,}5$ angenommen wird.

11.13 Abschätzung des maximalen Biegewinkels α_{max}

Nach Mäkelt ist die Ermittlung des maximalen Biegewinkels oder der Länge der Verformungszone innerhalb und außerhalb des Verformungswerkzeuges bei einem U-Profil wie in Abb. 61 skizziert abzuschätzen.

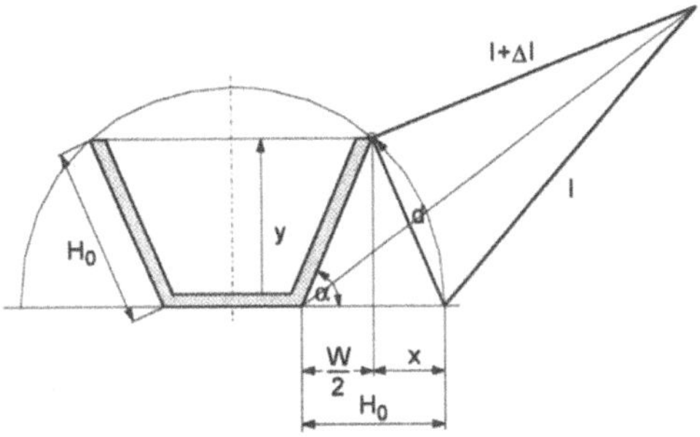

Abb. 61. Schema zur Bestimmung der freien Einformlänge (nach Mäkelt)

Aus der Skizze erkennt man:

$$y = H_0 \sin\alpha = H_0\sqrt{1-\cos^2\alpha} = H_0\sqrt{1-\left(\frac{w}{2H_0}\right)^2}$$

$$w = 2H_0 \cos\alpha$$

$$\frac{w}{2} = H_0 - x$$

$$d^2 = y^2 + x^2$$

$$(l+\Delta l)^2 = d^2 + l^2.$$

Mit Vernachlässigung von Δl^2 erhält man:

$$\Delta l = \frac{H_0^2(1-\cos\alpha)}{l}.$$

Setzt man als max. zulässigen Wert für elastische Verformung $\varepsilon = \frac{\Delta l}{l} = 0{,}002$ ein, ergibt sich:

$$l \geq 22{,}4 H_0 \sqrt{1-\cos\alpha_{max}}$$

$$\cos\alpha_{max} = 1 - \frac{0{,}002 l^2}{H_0^2}$$

Andere Berechnungsformeln findet man in einer Zusammenfassung bei Bogojawlenskij.[(4)]

Nach Kenzo Kato[5] ist die Länge der Verformungszone l in Abhängigkeit der Ausgangsblechbreite B_0 und Blechdicke h nur ungefähr $\frac{1}{5}$ der durch o.a. Formel errechneten Länge der Umformzone. Abbildung 62 zeigt die Länge der gesamten Umformzone l und die im Berührungsbereich der Walze liegende Umformzone ψ_s.

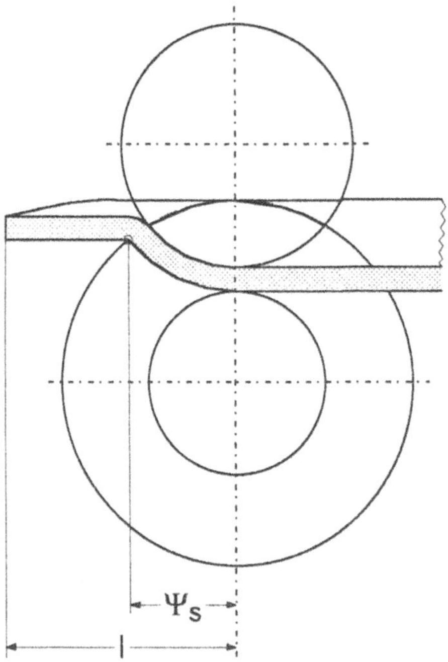

Abb. 62. Schema zur Bestimmung der freien Einformlänge l und Länge der Umformzone innerhalb der Verformungslänge ψ_s

Für mehrere hintereinander liegende Umformgerüste erhält man für die Länge der Verformungszone[6]

$$d_i^z = (y_i - y_{i-1}) + \left(\frac{w_{i-1} - w_i}{2}\right)^2$$

$$\Delta l_i = \frac{d_i^z}{2l_i}.$$

Mit

$$\varepsilon = 0{,}002$$

$$l_i = 15{,}8\sqrt{(y_i - y_{i-1})^2 + \left(\frac{w_{i-1} - w_i}{2}\right)^2}$$

i = betrachtetes Umformgerüst
i − 1 = vorhergehendes Umformgerüst.

Bezieht man die Verformungslänge außerhalb des Walzspaltes in folgende Grobabschätzung zur Bestimmung von α_{max} ein (Abb. 63).

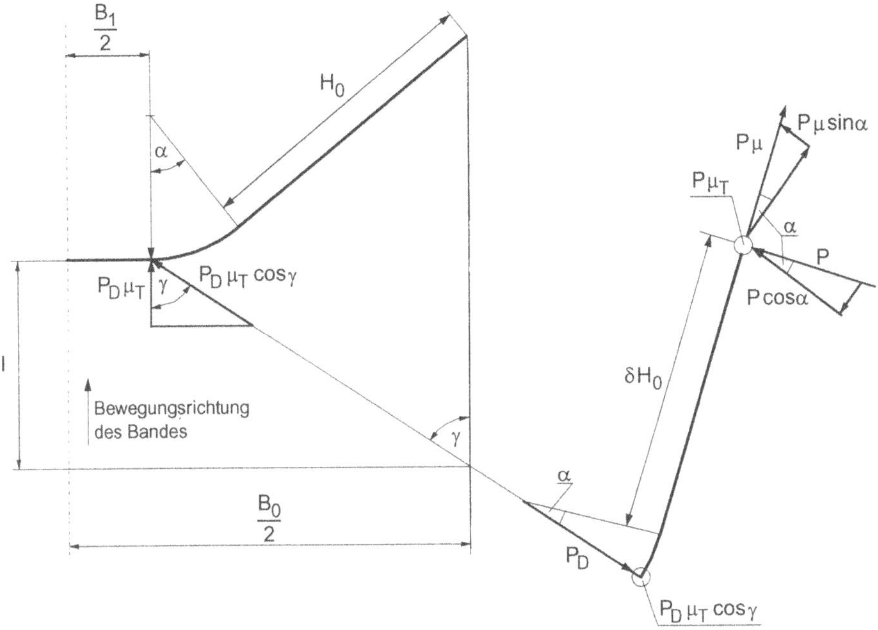

Abb. 63. Schema zur Bestimmung des Greifwinkels

Es ist aus Kräftezerlegung:

$$P_D = P\cos\alpha + P\mu\sin\alpha$$

$$P_D = P(\cos\alpha + \mu\sin\alpha).$$

An der Oberwalze wird für ein U-Profil die Zugkraft $2P_D\mu\tau$ benötigt, um das Band durch den Verformungsspalt zu ziehen. Unterstützt wird diese Zugkraft durch die von der Unterwalze ausgeübte Druckkraft $2\,P\mu\tau$.

Somit wird

$$2P_D\mu\tau\cos\gamma = 2P\mu\tau.$$

Einsetzen ergibt

$$2P\mu\tau\cos\gamma(\cos\alpha + \mu\sin\alpha) = 2P\mu\tau$$

$$\cos\alpha + \mu\sin\alpha = \frac{1}{\cos\gamma}.$$

Mit

$$\cos\alpha = \frac{1}{\sqrt{1+\tan^2\alpha}}$$

$$\sin\alpha = \frac{\tan\alpha}{\sqrt{1+\tan^2\alpha}}$$

erhält man:

$$\tan\alpha_{max} = \frac{\mu\cos^2\gamma}{(1-\mu^2\cos^2\gamma)} \pm \sqrt{\left(\frac{\mu\cos^2\gamma}{1-\mu^2\cos^2\gamma}\right)^2 - \left(\frac{1-\cos^2\gamma}{1-\mu^2\cos^2\gamma}\right)}.$$

Da der Wurzelausdruck nicht negativ werden, darf, erhält man daraus die Bedingung

$$\cos\gamma \geq \sqrt{\frac{1}{1+\mu^2}}$$

oder

$$\tan\gamma \leq \mu.$$

Es ist für kleine Biegeradien angenähert.

$$H_0 \approx \frac{1}{\cos\gamma}\tan\gamma$$

$$l = \frac{H_0\cos\gamma}{\tan\gamma} = \frac{H_0\sqrt{\frac{1}{1+\mu^2}}}{\mu} = \frac{H_0}{\mu\sqrt{1+\mu^2}}.$$

Wird diese Gleichung mit $\mu \sim 0{,}35$ angewandt, erhält man gute Übereinstimmung für 90° Winkelprofile nach Literaturangaben[15].

Weiters erhält man nach Einsetzen in die Beziehung nach Mäkelt:

$$\cos\alpha_{max} \approx 1 - \frac{0{,}002}{\mu^2(1+\mu^2)}.$$

Setzt man

$$\cos\gamma = \sqrt{\frac{1}{1+\mu^2}}$$

in die Gleichung für $\tan\alpha_{max}$ ein, erhält man

$$\tan\alpha_{max} = \mu + \mu\sqrt{1-\mu^2}.$$

Abbildung 64 zeigt den Zusammenhang $\alpha_{max} = f(\mu)$.

Da die Abschätzung nach Mäkelt eine Grobabschätzung der Formänderungen darstellt, die am Rand der Schenkel zum Erreichen der Streckgrenze führen, die

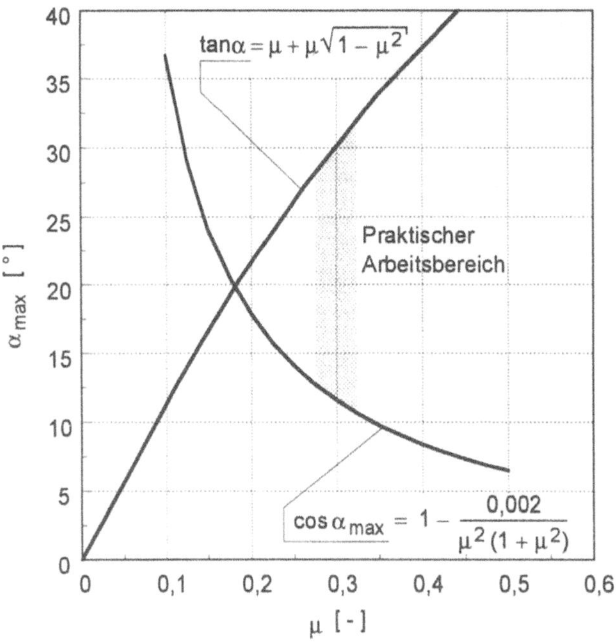

Abb. 64. Maximaler Biegewinkel α_{max} in Abhängigkeit der Reibungskoeffizienten μ

übrigen Schenkelbereiche aber nur elastisch beansprucht bleiben, ist der daraus abgeleitete maximale Biegewinkel als unterster zulässiger Grenzwert anzusehen.

Die Begrenzung durch den maximal zulässigen Greifwinkel führt mit $\mu \sim 0{,}3$ zu maximal zulässigen Greifwinkelwerten, die durchaus der üblichen Praxis entsprechen.

11.14 Vergleich der Berechnungsergebnisse mit Messungen bei der Herstellung von U-Profilen

11.14.1 Die Durchführung der Messungen

Im Rahmen eines Forschungsvorhabens an der Technischen Hochschule Darmstadt wurden umfangreiche Untersuchungen des Profilierungsprozesses durchgeführt. Dabei konnten an einer neu konzipierten Profilieranlage eine Vielzahl von Anlagenparametern bestimmt werden. Darüberhinaus war es aber auch möglich die Auswirkungen der Maschinengegebenheiten auf des Produkt zu studieren.

Für die vorliegende Untersuchung wurden die Meßwerte von elektrischer Leistung, Kraft und Drehmomente bei U-Profilen herangezogen, um einen Vergleich zwischen Berechnung und Experiment vorzunehmen – s. Tabellen 2 und 3.

Tabelle 2. Anlagenparameter (Profilieranlage TU Darmstadt)

Gerüst	Biegewinkel/°	Radius des Oberwerkzeuges (mm) r_o	Radius des Unterwerkzeuges (mm) r_u
1	15	120	90
2	30	120	90
3	45	210	90
4	60	210	90
5	75	210	90
6	90	210	90

Bandgeschwindigkeit: 10 m/min
Nennleistung pro Gerüst: 7,6 kW

Tabelle 3. Werkstoffdaten (RSt 37-2) (Versuch an der TU Darmstadt): Gebeiztes Warmband, korrosionsgeschützt

Dicke/mm	σ_0/Nmm^{-2}	m/Nmm^{-2}	ρ_3/mm
2	348	198	1,0
4	302	243	4,5

Die Reibung bei der Nachrechnung der Versuche wurde mit $\mu = 0{,}15$ angenommen. Der Werkzeugradius ρ_3 entspricht dem Innenradius des U-Profils.

Zusätzlich bestand die Möglichkeit an einer Produktionsanlage der VA Krems Ges.m.b.H die Leistungsaufnahme bei der Erzeugung von U-Profilen zu messen (Tabelle 4).

Tabelle 4. Anlagenparameter (Profilieranlage VA Krems Ges.m.b.H.)

Gerüst	Biegewinkel/°	Radius des Oberwerkzeuges (mm) r_o	Radius des Unterwerkzeuges (mm) r_u
1	25	101	92,5
2	45	101	100
3	60	106	100
4	75	122	105
5	87	132	132
6	90	132	132

Beim Werkstoff handelt es sich um ungebeiztes Warmband KP ST 37. In allen Fällen wurde die Reibung $\mu = 0{,}3$ angenommen. Die Werkstoffdaten waren bei den einzelnen Profilen unterschiedlich und sind in Tabelle 5 zusammengestellt.

Tabelle 5. Werkstoffdaten VA Krems Ges.m.b.H.

Profil	σ_0/Nmm^{-2}	m/Nmm^{-2}	ρ_3/mm
U 15.5/90/15.5*4,97	329	387	3,50
U 24.2/90/24.2*4,95	273	503	4,75
U 32/90/32*4,67	267	475	5,15
U 48.7/90/48.7*4,87	296	419	5,25
U 59.90/59*4,74	225	462	5,75

11.14.2 Diskussion der Ergebnisse

Wie man aus Abb. 65 erkennt, konnte für den Arbeitsverbrauch im Rahmen der getroffenen Ansätze eine gute Übereinstimmung zwischen Berechnung und Experiment gefunden werden. Bei den dargestellten Werten handelt es sich um den gesamten Arbeitsverbrauch zur Herstellung der jeweiligen U-Profile.

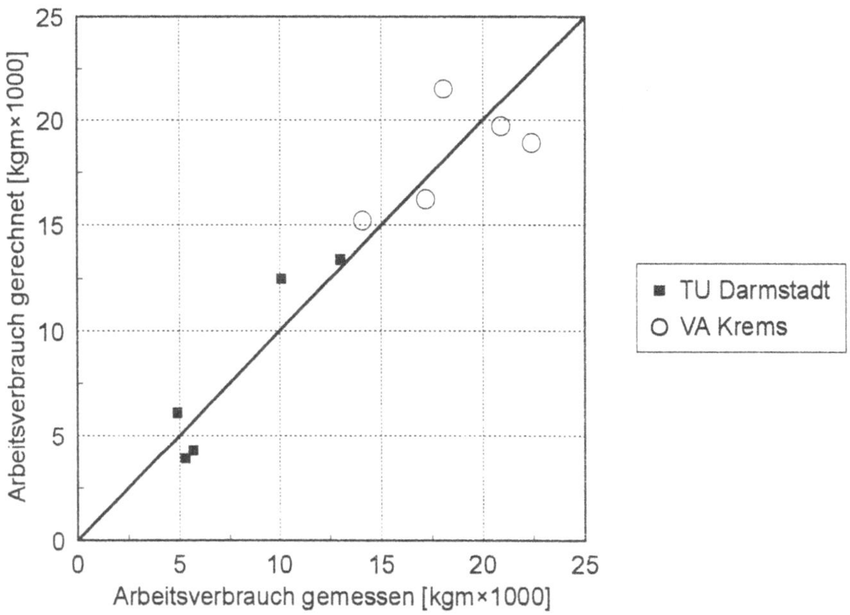

Abb. 65. Gemessener und gerechneter Arbeitsverbrauch für Summe der Walzgerüste, die die Formgebung eines U-Profils bewirken

An der Profilieranlage der TU-Darmstadt war es möglich den Arbeitsbetrag der einzelnen Gerüste zu messen und mit den Rechenwerten zu vergleichen.

Ein entsprechendes Beispiel der Antriebsleistung ist in Abb. 66 dargestellt.* Obwohl Unterschiede für die einzelnen Gerüste auftreten, ist die Übereinstimmung in Summe sehr gut. Die Unterschiede können auf die getätigten Annahmen, die den Berechnungen zugrunde liegen, zurückgeführt werden. Ein Nachvollziehen aller Einflußparameteter ist bei der Komplexität des Prozesses unmöglich. In beiden Fällen wurden mit einem Wirkungsgrad von 85% vom berechneten Arbeitswert auf die elektrische Arbeit umgerechnet.

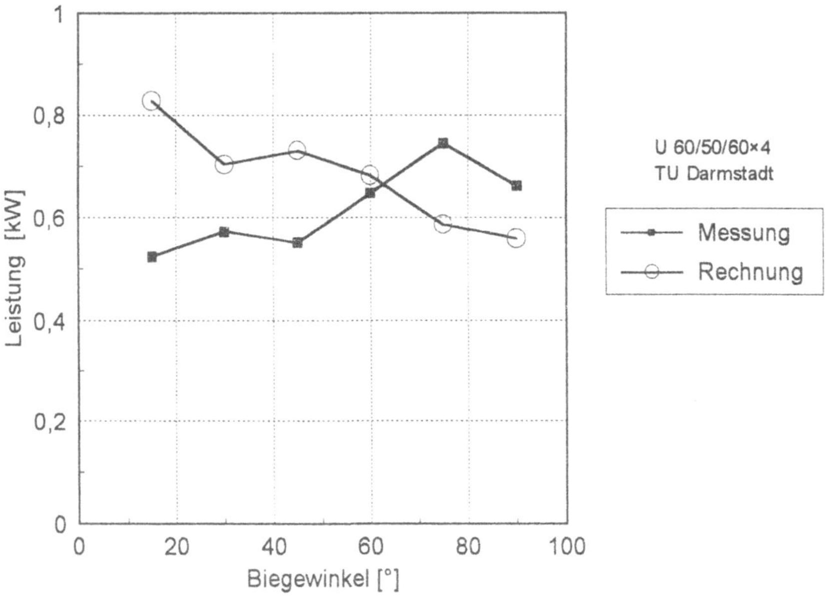

Abb. 66. Summe der Antriebsleistung aller Umformgerüste

Dieselbe Situation ist in Abb. 67 betreffend der Drehmomentensumme zu erkennen. Entsprechende Meßergebnisse lagen allerdings nur für die Anlage der TU Darmstadt vor. Ein Beispiel für den Drehmomentverlauf über die Länge ψ_s ist in Abb. 68 dargestellt.

Die Anstellkräfte der einzelnen Gerüste sind beispielhaft aus den Abb. 69–71 zu entnehmen. Nachdem die Berechnung aus dem Arbeitsverbrauch erfolgt, sind die erhaltenen Werte vom Verlauf der berechneten Leistung abhängig (vgl. Abb. 71 mit Abb. 66). Ein typischer Kraftverlauf über die Einformanlage ψ_s ist in Abb. 72 dargestellt.

* Die eingetragenen Punkte stellen je ein Umformgerüst dar, für das entsprechende Vergleichsrechnungen durchgeführt werden.

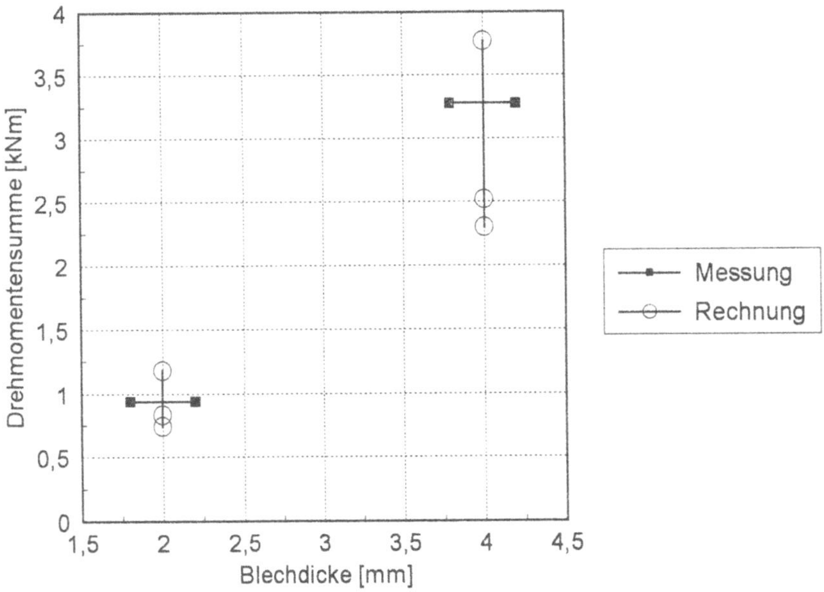

Abb. 67. Summe der Drehmomente aller Umformgerüste, die an der Erzeugung eines U-Profils beteiligt sind

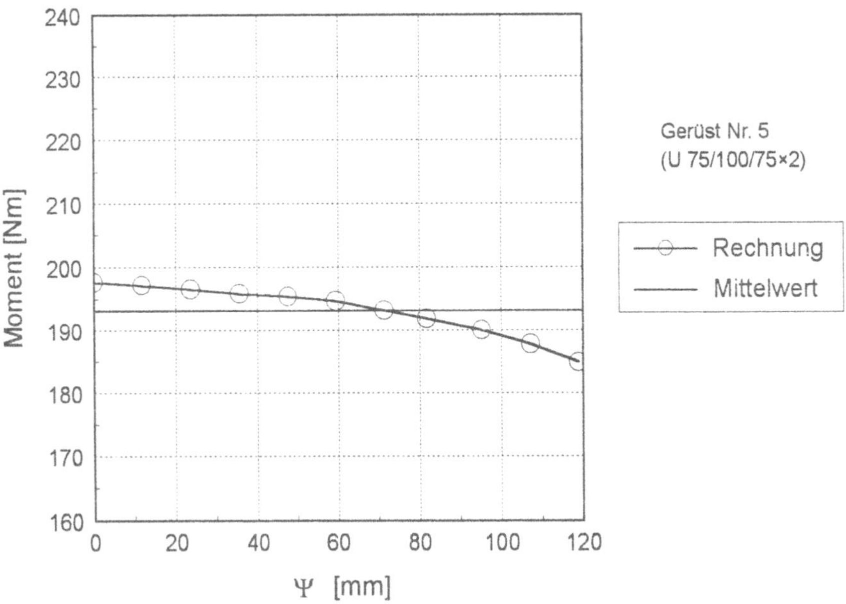

Abb. 68. Drehmomentverlauf über die Länge ψ eines Umformgerüstes ($\psi = 0$..... Auslaufpunkt; $\psi = \psi_s$..... Einlaufpunkt)

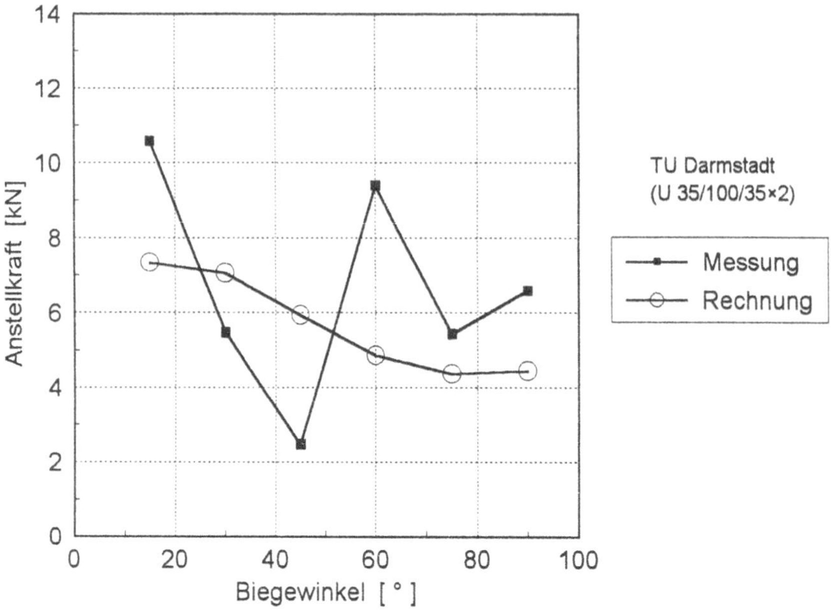

Abb. 69. Verlauf der Anstellkräfte bei den Umformgerüsten, die an der Erzeugung eines U-Profiles beteiligt sind

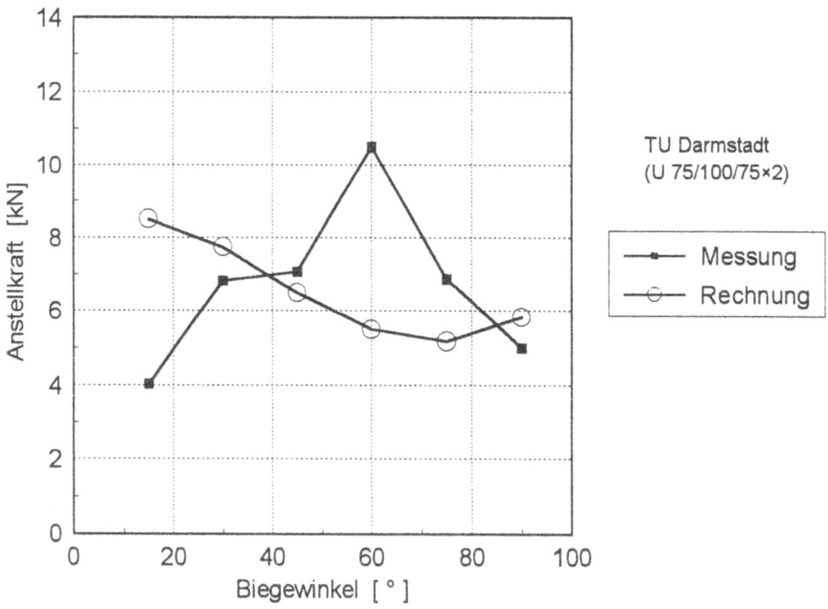

Abb. 70. Verlauf der Anstellkräfte bei den Umformgerüsten, die an der Erzeugung eines U-Profiles beteiligt sind

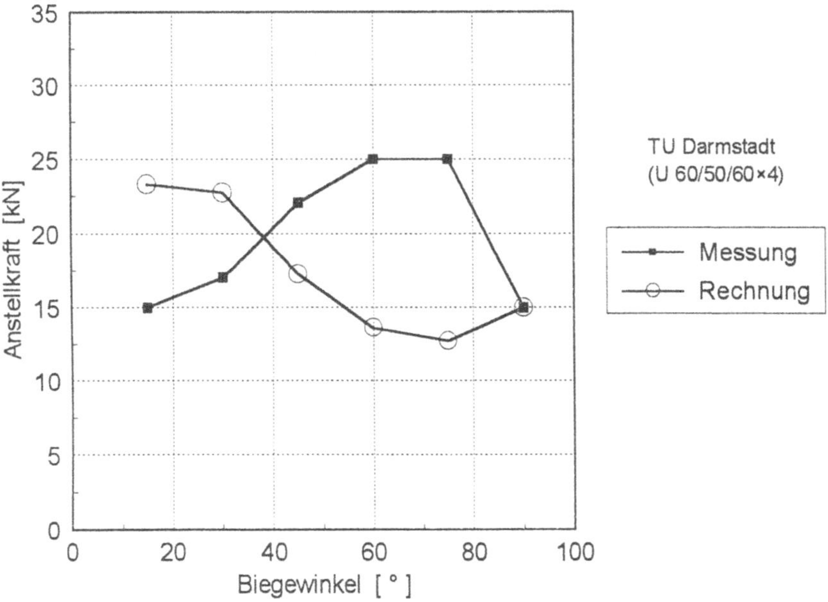

Abb. 71. Verlauf der Anstellkräfte bei den Umformgerüsten, die an der Erzeugung eines U-Profiles beteiligt sind

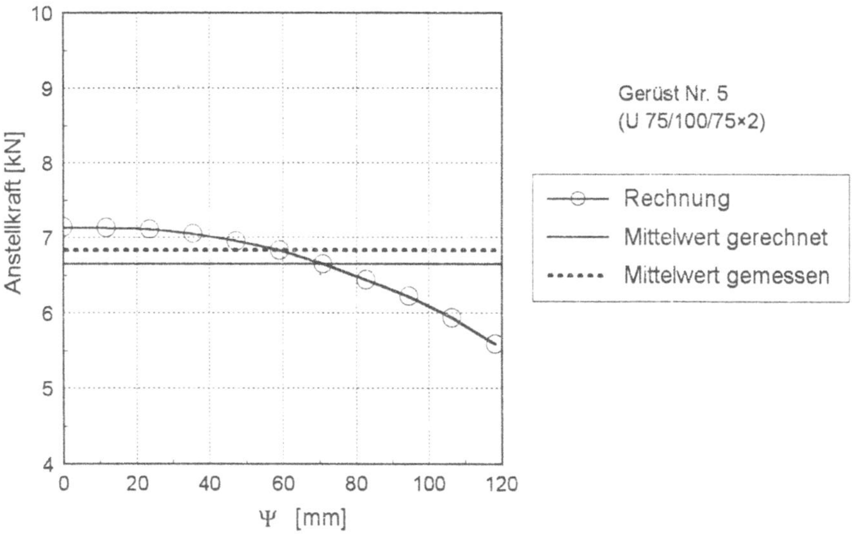

Abb. 72. Verlauf der Anstellkraft über die Länge des Umformprofiles eines Umformgerüstes ($\psi = 0$..... Auslaufpunkt; $\psi = \psi_s$..... Einlaufpunkt)

12. Planung von kontinuierlichen Rohr/Profil-Anlagen[7]

An Kaltprofilieranlagen werden kalt- und warmgewalzte Bänder zu Profilen umgeformt.

Diese können grundsätzlich in 2 Gruppen eingeteilt werden:

- offene Profile,
- geschlossene Profile (Formrohre).

Die Formgebung erfolgt dabei durch hintereinander liegende Umformgerüste, an deren Ende eine Schweißeinrichtung für die Herstellung geschlossener Profile angeordnet ist, die für die Herstellung offener Profile entfällt.

Nach der Art der Umformung ist die Erzeugung geschlossener Profile auf

- direktem Wege,
- indirektem Wege über die Herstellung eines Rundprofils, das anschließend in die gewünschte Endform gebracht wird, möglich.

Der grundsätzliche Aufbau einer Umformstraße für direkte Umformung besteht aus:

- Ablaufeinrichtung,
- Formgebungsgerüsten,
- Schweißeinrichtung nur für geschlossene Profile und Nebeneinrichtungen,
- Querteileinrichtungen,
- Staplern (vgl. Abb. 73).

Für ein U-Profil entsprechend Abb. 74 erhält man für die Schenkellänge H_0

$$H_0 = \frac{(B_0 - B_1)}{2} - \left(R + \frac{h}{2}\right)\alpha.$$

Dabei ist B_0 die Ausgangsbreite des Warm- oder Kaltbandes, H_0 die Schenkellänge und B_1 die das Umformgerüst verlassende Breite des U-Profiles, R der Werkzeugradius und α der Biegewinkel.

12.1 Bestimmung des bezogenen Abeitsverbrauches für die gesamte Bandlänge

Der Verformungsvorgang bei Kaltprofilierstraßen entspricht für die Hauptumformungen (ohne Reibungsarbeiten und Gegenbiegungsarbeiten zu berücksichtigen) den Ausführungen nach Kapitel 4.

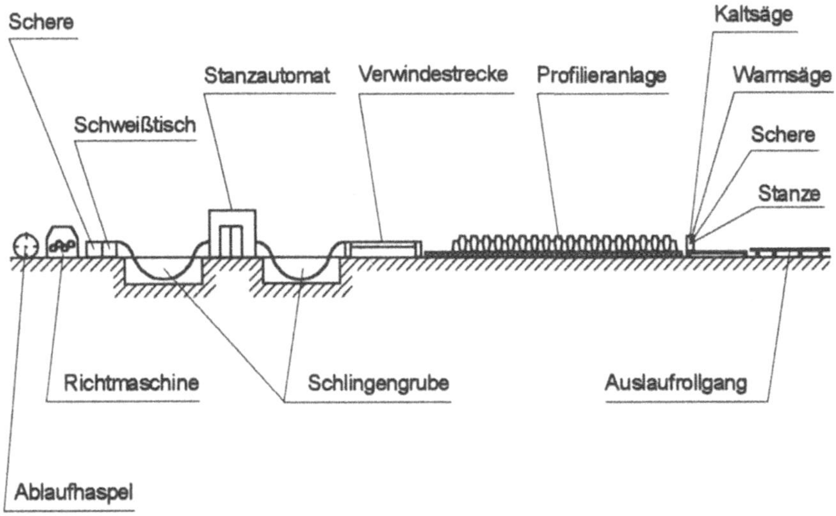

Abb. 73. Profilieranlage mit Vorstanze

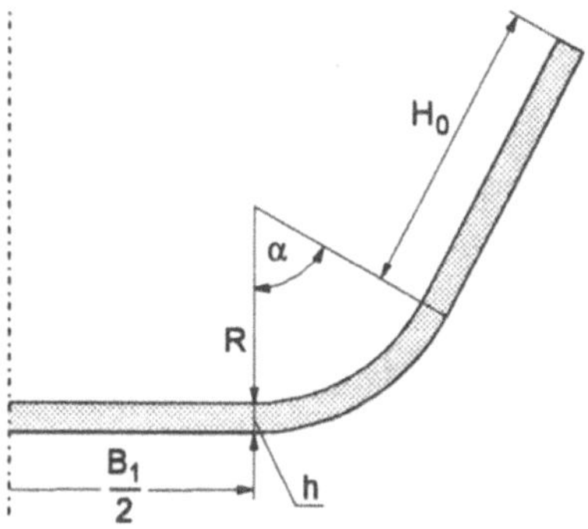

Abb. 74. Schnitt durch halbes U-Profil

Die Übertragung des Biegeträgers auf rollenförmige Formgebungswerkzeuge läßt sich nach Abb. 75 annehmen.

Die Hinbiegearbeit entspricht

$$W = \left(\frac{dW}{dZ}\right) \int_0^{\Delta l_0/\cos\gamma} dZ$$

$$W = \left(\frac{dW}{dZ}\right) \frac{\Delta l_0}{\cos\gamma}.$$

Für die gesamte Bandlänge l_0 gilt

$$W_{ges} = \left(\frac{dW}{dZ}\right) \frac{1}{\cos\gamma} \int_0^{l_0} dl_0$$

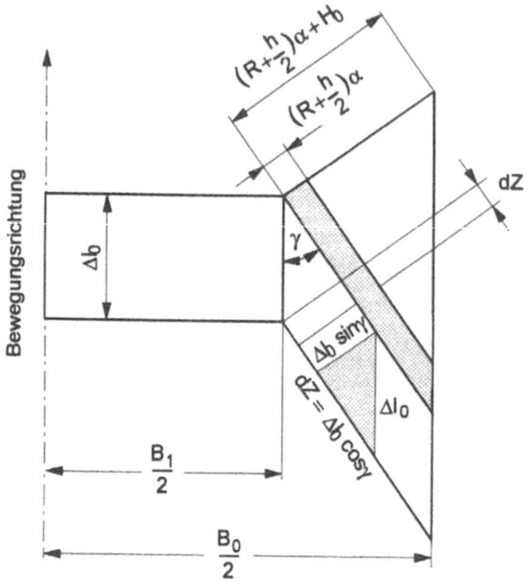

Abb. 75. Aufsicht auf ein Band, das umgeformt wird

$$W_{ges} = \left(\frac{dW}{dZ}\right)\frac{l_0}{\cos\gamma}.$$

Bezieht man diese gesamte Hinbiegearbeit ohne Reibung auf die durchgesetzte Bandmasse (G), erhält man die bezogene Hinbiegearbeit für eine Ecke.

$$\frac{W_{ges}}{G} = \left(\frac{dW}{dZ}\right)\frac{1}{\cos\gamma B_0 h\gamma}. \tag{28}$$

Dabei ist $\left(\frac{dW}{dZ}\right)$ nach Gl. (26) (S. 11) einzusetzen. Aus Greifbedingungsgrenzen, die hier angewandt werden, erhält man für den Winkel γ

$$\cos\gamma \geq \frac{1}{\sqrt{1+\mu^2}}. \tag{29}$$

Setzt man $\mu = 0{,}3$ ergibt sich ein Winkel γ von

$$\cos\gamma \geq 0{,}9578$$

$$\gamma \leq 16{,}66^\circ$$

wenn die Gerüstabstände eine freie Ausbildung des Winkels γ nicht begrenzen.

Da die Erfassung der Hinbiegearbeit nach Abschnitt 4 sich nur auf die Hauptformänderungsarbeit ohne Gegenbiegung, ohne Reibung usw. beschränkt, eine vollständige Analyse der Gesamtarbeit zwar durchgeführt wurde, den Rahmen dieses Berichtes aber wesentlich erweitern würde, wird im folgenden Teil nur die Hinbiegearbeit für den vorgegebenen Werkzeugradius R nach Gl. (26) weitergeführt.

Für diesen Arbeitsanteil folgt nach Umrechnung die bezogene Arbeit einer Ecke

$$\frac{W_{ges}}{G} = 0{,}0086728 \frac{\sigma_0 h \alpha}{\cos \gamma B_0} \left[1 - \frac{m}{E} + \frac{mh}{6\sigma_0 \left(R + \frac{h}{2} \right)} \right] \tag{30}$$

$$\frac{W_{ges}}{G} = \frac{kWh}{t}$$

$\sigma_0 = N/mm^2$

$h = mm$

$B_0 = mm$

$m = N/mm^2$

$R = mm$

$E = N/mm^2$.

Liegen mehrere Ecken mit unterschiedlichen Radien und unterschiedlichen Biegewinkeln vor, ist für jede Ecke Gl. (30) anzuwenden und die so ermittelten Biegearbeiten zu summieren, um die gesamte Hinbiegearbeit eines Profiles zu erhalten.

12.2 Gesamte Antriebsarbeit

An einer Vielzahl von Profilen unterschiedlicher Formen wurde die gesamte elektrische Antriebarbeit gemessen und diese auf die durchgesetzte Bandmasse bezogen:

$$\left(\frac{kWh}{t} \right).$$

Die so ermittelte bezogene Gesamtarbeit wurde durch die Anzahl der an jedem Profil vorhandenen Ecken (β) dividiert, wodurch man die gemessene bezogene Gesamtarbeit pro Ecke erhielt

$$\frac{\frac{kWh}{t}}{\beta}.$$

Vergleichsweise wurde für jedes Profil die Arbeit nach Gl. (30) errechnet und die Meßwerte diesen Rechenwerten gegenübergestellt. Wie Abb. 76 zeigt, konnte damit ein linearer Zusammenhang für einen großen Arbeitsbereich nachgewiesen werden.

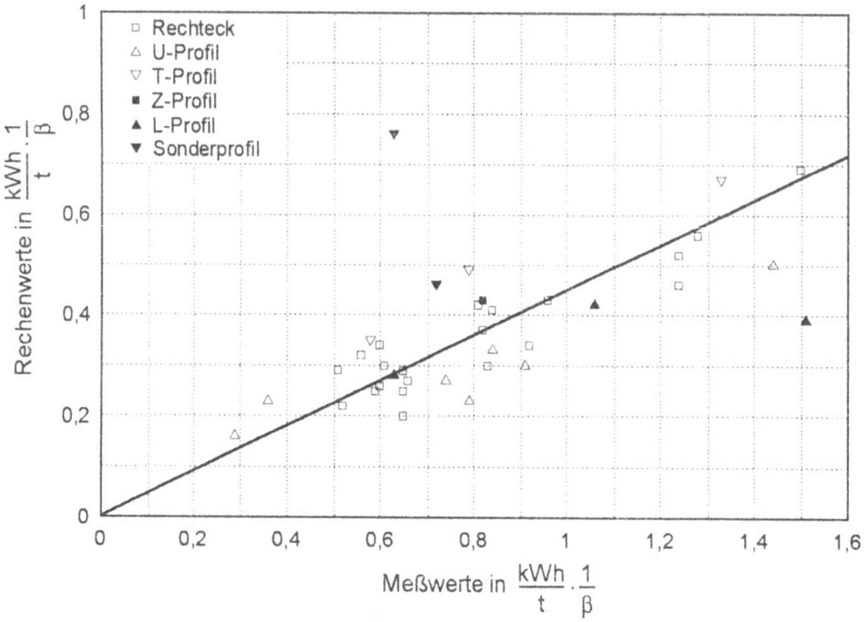

Abb. 76. Vergleich von gemessenen Gesamtarbeiten mit errechneten Arbeiten nach Gl. (30) für unterschiedliche Profilformen an unverzinkten Warmbändern

Als mittlerer Zusammenhang ergibt sich daraus

$$\left(\Sigma\left(\frac{W_{ges}}{G}\right)\right)_{Rechung} = 0{,}4464\left\{\left(\frac{\left(\frac{kWh}{t}\right)}{\beta}\right)\right\}_{Messung} \pm 0{,}1 \tag{31}$$

$$\Sigma\left(\frac{W_{ges}}{G}\right) = \frac{kWh}{t}.$$

12.3 Ermittlung der erforderlichen gesamten Antriebsleistung der Umformgerüste

Die gesamte Antriebsleistung N_{ges} ist

$$N_{ges} = \left(\frac{kWh}{t}\right)_{Messung} \cdot L$$

β = Anzahl der Biegeecken [1]

h = Banddicken [mm]

$\sigma_0, m = N/mm^2$

L_t = Durchsatzleistung [t/h]

B_0 = Warm- oder Kaltbandbreite [mm]

N_{ges} = gesamte Antriebsleistung [kW]

v_B = Bandgeschwindigkeit [m/min]

α = Biegewinkel (–).

Mit Gl. (31) und Gl. (30) erhält man

$$N_{ges} = 9{,}1507\,10^{-6}\,h^2\,\frac{v_B \beta \sigma_0}{\cos\gamma}\left\{\left(1 - \frac{m}{E}\right)\Sigma\alpha + \frac{mh}{6\sigma_0}\,\Sigma\left[\frac{\alpha}{\left(R + \frac{h}{2}\right)}\right]\right\}. \tag{32}$$

Andererseits, wenn die installierte Antriebsleistung N_{ges} bekannt ist, läßt sich daraus die mögliche Durchsatzleistung L bestimmen zu

$$L_t = \frac{51{,}47 B_0 \cos\gamma N_{ges}}{\beta\sigma_0 h\left(\left(1 - \frac{m}{E}\right)\Sigma\alpha + \frac{mh}{6\sigma_0}\,\Sigma\,\frac{\alpha}{R + \frac{h}{2}}\right)}. \tag{33}$$

In Abb. 77 sind Beispiele für die Anwendung von Gl. (32) und Gl. (33) angeführt.

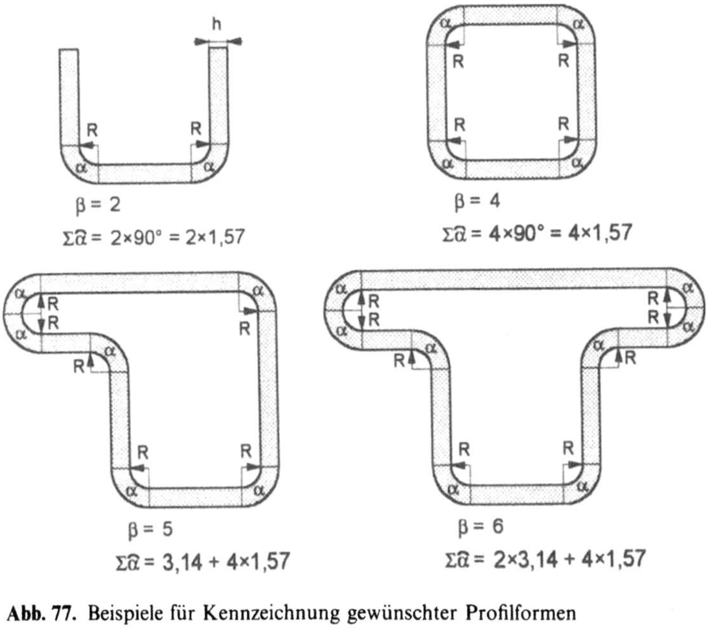

Abb. 77. Beispiele für Kennzeichnung gewünschter Profilformen

12.4 Gerüstanzahl

Ohne auf die Ermittlung des zulässigen Biegewinkels α näher einzugehen, kann aus der Praxis angegeben werden, daß in einem Gerüst ein Biegewinkel von $\alpha \sim 15$–$20°$ angestrebt wird. Diese Angabe findet man auch in zahlreichen Unterlagen.[8] Bei der Bestimmung der Gerüsteanzahl ist darauf Rücksicht zu nehmen, daß bei symmetrischen Profilformen in einem Gerüst gleichzeitig zwei symmetrische Biegungen vorgenommen werden können.

Beispielsweise erhält man damit für die Erzeugung eines U-Profils (Abb. 78) mit $\alpha = 90°$ die Gerüstanzahl $\frac{90}{15} \leq 6$

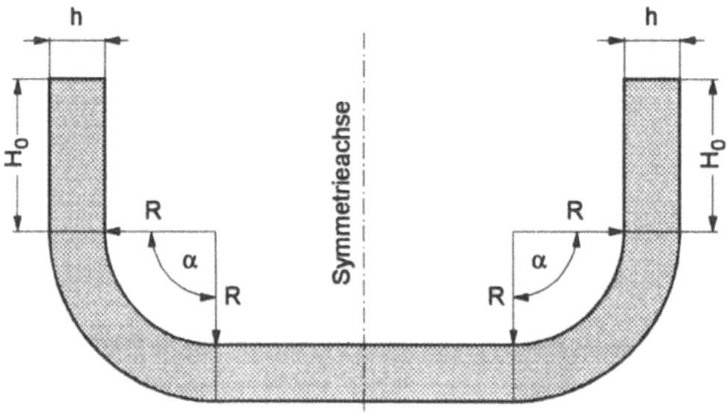

Abb. 78. U-Profil

oder für die Erzeugung eines Kastenprofils mit $\alpha = 90°$ die Gerüstanzahl $\frac{2 \cdot 90°}{15°} \leq 12$.

12.5 Schweißeinrichtungen

Geschlossene Profile müssen nach der Umformung in der Linie kontinuierlich geschweißt werden.

Es kommen vorwiegend Hochfrequenz-Schweißinduktoren zur Anwendung. Dabei liegt der Leistungsbereich der HF-Generatoren zwischen 50 und 1 000 kW. Abbildung 79 zeigt ein aus Firmenangaben zusammengestelltes Nomogramm, das die erreichbare Durchsatzleistung in Abhängigkeit von Banddicke, Generatorenleistung, Bandgeschwindigkeit und Umfang eines Kastenträgers zeigt.

Daraus läßt sich die mögliche Durchsatzleistung bestimmen.

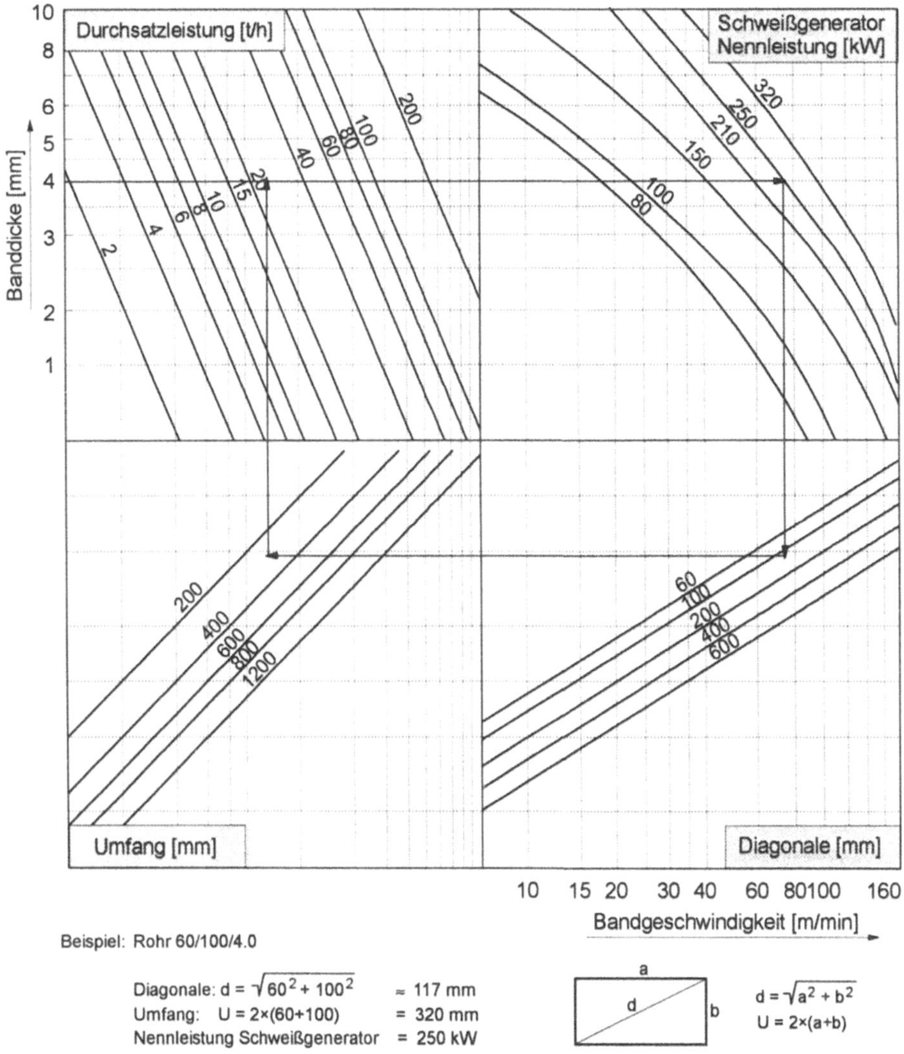

Abb. 79. Nomogramm zur Ermittlung der Durchsatzleistung in t/h für ELPHIAC-Schweißgeneratoren

12.6 Kontinuierliches Querteilen von Profilen

Am Ende jeder kontinuierlich arbeitenden Umformstrecke befindet sich eine Querteilanlage, die das mit der Geschwindigkeit v_B auslaufende Bandprofil auf abstapelbare Längen unterteilt. Diese Querteileinrichtungen können Stanzen, Sägen etc. sein, die auf einem Schlitten montiert sind, der bei jedem Schnittvorgang von 0 auf Bandgeschwindigkeit beschleunigt werden muß, worauf der eigentliche

Schnittvorgang ausgeführt wird mit anschließender Verzögerung auf 0 und Rücklauf in die Ausgangslage.

Abbildung 80 zeigt schematisch den Ablauf der Schlittenbewegung. Aus dem Bild lassen sich folgende Bereiche erkennen:

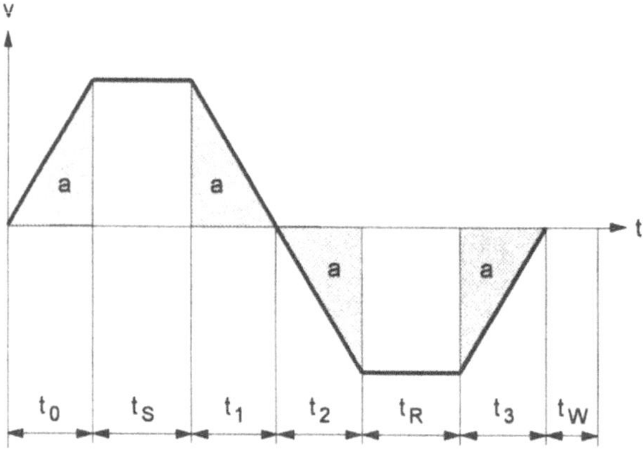

Abb. 80. Geschwindigkeit-Zeit-Diagramm des Schlittens

12.6.1 Beschleunigungs- und Verzögerungsbereiche

$$\left.\begin{array}{l} 0 < t \leq t_0 \\ t_0 + t_S \leq t < t_0 + t_S + t_1 \\ t_0 + t_S + t_1 \leq t \leq t_0 + t_S + t_1 + t_2 \\ t_0 + t_S + t_1 + t_2 + t_R \leq t \leq t_0 + t_S + t_1 + t_2 + t_R + t_3 . \end{array}\right\} \text{Beschleunigungs- und Verzögerungsbereiche}$$

Diese sind gekennzeichnet durch die Größe der möglichen Beschleunigung a, woraus sich folgende Wegstrecken während der Beschleunigungs- und Verzögerungsphasen ergeben:

$$v_B = at$$

$$t = \frac{v_B}{a}$$

$$S = \frac{a}{2} t^2 = \frac{a}{2} \frac{v_B^2}{a^2} = \frac{v_B^2}{2a} .$$

Da nach Abb. 80 insgesamt 4 Verzögerungs- und Beschleunigungsphasen auftreten, erhält man für die dafür benötigte Wegstrecke

$$S_a = \frac{2 v_B^2}{a} . \tag{34}$$

12.6.2 Rücklaufzeit t_2

Diese erfolgt mit konstanter Schlittengeschwindigkeit. Die dafür benötigte Wegstrecke S_R erhält man zu

$S_R = v_B t_R.$

Dabei ist

$t_R \sim 0{,}8 t_S,$

und somit

$$S_R = 0{,}8 v_B t_S. \tag{35}$$

12.6.3 Schnittzeit t_S

Diese wird bei konstanter Schlittengeschwindigkeit aufgebracht. Die dafür benötigte Wegstrecke S_S ergibt sich aus

$$S_s = v_B t_S \tag{36}$$

12.6.4 Wartezeit t_W

Nachdem der Schlitten wieder in die Ausgangsposition gefahren ist, ergibt sich eine Wartezeit t_W, die je nach gewähltem System auch nach der Schnittzeit t_S in den Steuerkreis eingebaut werden kann. Für die Wartezeit erhält man als Bedingung

$t_W \geq 0,$

somit

$$S_W = v_B t_W. \tag{37}$$

12.6.5 Gesamtzeit – Gesamtweg – minimale Schnittlänge

Aus den bisherigen Betrachtungen erhält man als Gesamtweg

$S = S_a + S_R + S_S + S_W$

$S = \frac{2v_B^2}{a} + 0{,}8 v_B t_S + v_B t_S + v_B t_W$

$$S = \frac{2v_B^2}{a} + v_B t_S \left(1{,}8 + \frac{t_W}{t_S}\right). \tag{38}$$

12.6.6 Maximale Bandgeschwindigkeit, minimale Schnittlänge, Durchsatzleistung

Nimmt man $t_W = 0$ und $a = 4\,m/s^2$ an, erhält man aus Gl. (38) für die maximale Bandgeschwindigkeit:

$$v_{B_{max}} = (-1{,}8t_s + \sqrt{2S + 1{,}82t_S^2})60$$

$v_B = m/min$

$S = m$

$t_S = sek.$

Somit für die minimale Schnittlänge:

$$S_{min} = \frac{v_B}{60}\left(\frac{v_B}{120} + 1{,}8t_S\right)$$

$L_t = 4{,}71 \cdot 10^{-4} \cdot B_0 \cdot h \cdot v_{B_{max}}$

$h = mm$

$B_0 = mm$

$L_t = t/h.$ (38a)

12.6.7 Schnittzeit t_S

In Abb. 81 sind die Ergebnisse von empirischen Messungen der Schnittzeit t_S zusammengestellt, die für Banddicken $3 \leq h \leq 8$ mm für Sägeblattdicken von 4 und 8 mm an Bandbreiten vor der Umformung $200 \leq B_0 \leq 800$ mm mit Sägemotoren von 37 und 132 kW aufgenommen wurden. Dabei ist das Schnittvolumen $V_s = B_0 h d$ (mm^3), wobei mit d die Sägeblattdicken bezeichnet werden. Man erhält daraus den empirischen Zusammenhang:

$t_S = 0{,}0000929 V_S$ ..... s. (39)

12.6.8 Erforderliche Sägeblattleistung N_S (kW)

In Abb. 82 ist das Ergebnis von empirischen Messungen der während der Schnittzeit t_S aufgewandten Sägeblattarbeit W_S (kWh) in Abhängigkeit des Schnittvolumens V_S (mm^3) für Bedingungen nach Kapitel 12.6.6 zusammengestellt. Daraus erhält man die empirische Gleichung:

$W_S = 0{,}0000037 V_S$ ..... kWh. (40)

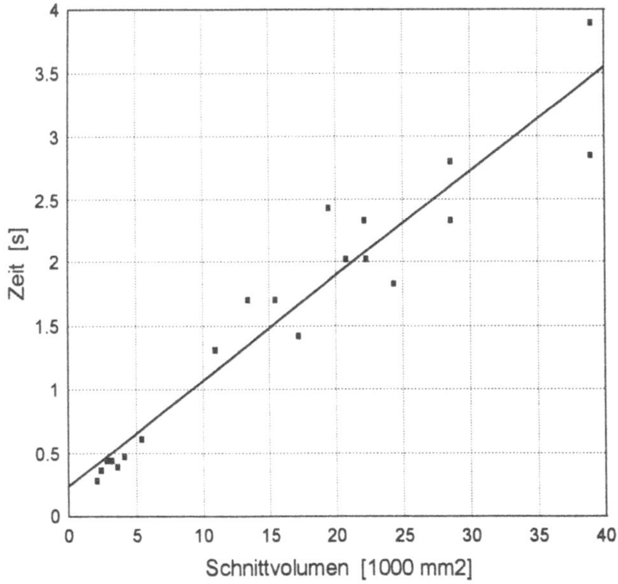

Abb. 81. Schnittzeit (t_S) in Abhängigkeit des Schnittvolumens (V_S)

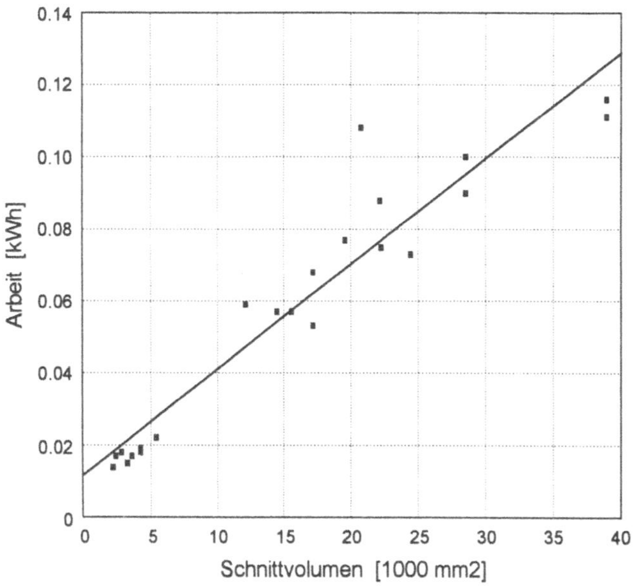

Abb. 82. Schnittarbeit (W_S) in Abhängigkeit des Schnittvolumens (V_S)

Damit erhält man die erforderliche Sägeblattleistung, wenn die Gl. (39) und (40) verwendet werden:

$$N_S = \frac{W_S}{t_S} 3600 \quad (\mathrm{kW}). \tag{41}$$

12.6.9 Zusammenfassung

Zur Auslegung einer kontinuierlich arbeitenden Kaltprofilieranlage wurde für die zu erzeugenden Profilformen und Werkstoffkennwerte im Abschnitt A die notwendige Antriebsleistung der Summe der Umformgerüste (ohne Kalibriergerüste) bei gewünschten Bandgeschwindigkeiten dargestellt.

Die erforderliche Gerüstanzahl erhält man aus Erfahrungswerten des zulässigen Biegewinkels pro Gerüst.

Im zweiten Abschnitt wurde auf Grund der gewünschten Durchsatzleistung die notwendige Generatorleistung für geschlossene Profile gezeigt. Schließlich wurde im dritten Abschnitt die erreichbare minimale Schnittlänge in Abhängigkeit der installierten Querteileinrichtung beschrieben, wobei dafür ein rotierendes elektrisch angetriebenes Sägeblatt als Einrichtung gezeigt wurde.

Die durchhaltbare Durchsatzleistung der Gesamtanlage (L) ist der kleinste der Werte aus Gl. (33), Abb. 79 und Gl. (38a).

13. Bestimmung des kleinsten Biegeradius

Aus dem eingangs festgelegten Werkstoffgesetz ist die maximale mögliche Formänderung:

$$\varepsilon_{max} \leq \frac{\sigma_B - \sigma_0}{m}.$$

Dabei wurde $1 - \frac{m}{E} \approx 1$ und $\sigma = \sigma_{Pl} = \sigma_B =$ Zugfestigkeit gesetzt.

Bei der Biegeformänderung ist die größte auftretende Dehnung am Rand der Zugzone zu finden.

Wird die Blechdicke vor der Biegung mit h_0, nach der Biegung mit h_1 bezeichnet, erhält man die folgenden minimalen Biegeradien:

13.1 Neutrale Faser in der Mitte der Blechdicke

Dies entspricht den bisher getroffenen Annahmen und ist für praktische Biegefälle ausreichend genau. Werden mit r_A die äußeren Biegeradien, mit r_i die inneren und mit ρ der Biegeradius der neutralen Faser bezeichnet, so erhält man für die Randformänderung:

$$\varepsilon_{r_A} = \frac{h_0}{2\rho} = \frac{h_0}{2\left(r_i + \frac{h}{2}\right)} = \frac{h_0}{2\left(r_A - \frac{h}{2}\right)}.$$

Wegen der symmetrischen Anordnung der Zug- und Druckzone um die neutrale Faser, erhält man keine Änderung der Ausgangsblechdicke h_0.

Setzt man $\varepsilon_{r_A} \leq \varepsilon_{max}$ ergibt sich als Grenzwert:

$$r_i + \frac{h_0}{2} > \frac{h_0}{2\varepsilon_{max}}$$

$$\frac{r_i}{h_0} \geq \frac{1}{2}\left(\frac{m}{\sigma_B - \sigma_0} - 1\right).$$

13.2 Neutrale Faser außerhalb der Blechmitte

Ermittelt man den Krümmungsradius der neutralen Faser ρ in der Weise, daß man das Minimum der Biegearbeit über die Blechdicke bestimmt oder die radialen Spannungen der Zug- und Druckzone gleich Null setzt (dreiachsiges Spannungssystem), erhält man für einen ideal plastischen Werkstoff:[9]

$$\rho = \sqrt{r_A \cdot r_i}.$$

Der Verlauf der Formänderung $\varepsilon = \frac{\eta}{\rho}$ über die Blechdicke (s. Abb. 83) wird linear angenommen in der folgenden Ableitung. Bei der Bestimmung der Lage der neutralen Faser außerhalb der Blechmitte wird allerdings ein nicht linearer Verlauf der Formänderung angenommen.

13.2.1 Formänderungen im Symmetriebereich

Man erhält für den Symmetriebereich

$$\eta_1 = \rho - r_i$$

$$\varepsilon_1 = 1 - \frac{r_i}{\rho} = 1 - \sqrt{\frac{r_i}{r_A}}.$$

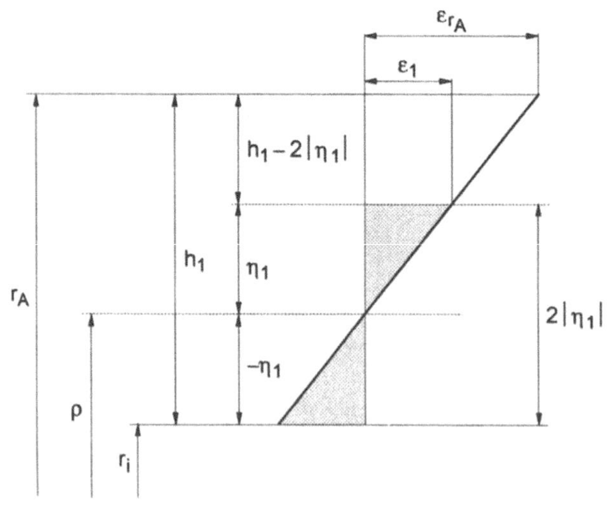

Abb. 83. Formänderungsverlauf über die Blechdicke

Mit

$$r_A = r_i + h_1$$

ist

$$\varepsilon_1 = 1 - \frac{1}{\sqrt{1 + \frac{h_1}{r_i}}}.$$

In diesem Bereich sind die Formänderungen in der Zug- und Druckzone gleich groß und man erhält keine Dickenänderung.

13.2.2 *Formänderungen außerhalb des Symmetriebereiches*

Im Bereich $\eta_1 \leq \eta \leq h_1 - 2|\eta_1|$ sind nur Zugformänderungen vorhanden, denen keine adäquaten Druckformänderungen als Ausgleich zur Verfügung stehen. Es kommt daher zu einer Dickenänderung.

Die mittlere Zugformänderung in diesem Bereich ε_m ist:

$$\varepsilon_m = \frac{\varepsilon_1 + \varepsilon_{r_A}}{2}.$$

Mit

$$\varepsilon_{r_A} = \frac{h_1 + r_i}{\sqrt{r_i(r_i + h_1)}} - 1$$

erhält man

$$\varepsilon_m = \frac{1}{2} \frac{h_1}{\sqrt{r_i(r_i + h_1)}}.$$

Die Dicke dieser Schicht im gebogenen Zustand ist $h_1^* = h_1 - 2|\eta_1|$

$$h_1^* = h_1 + 2r_i - 2\sqrt{r_i(r_i + h_1)}.$$

Die Dicke dieser Schicht im ungebogenen Ausgangszustand h_0^* ist:

$$h_0^* = \frac{h_1^*}{1 - \varepsilon_m}.$$

Die Dickenänderung dieser Schicht durch das Biegen ist somit

$$h_0^* - h_1^* = h_1 \left[\frac{1}{\sqrt{1 + \frac{h_1}{r_i} - \frac{h_1}{2r_i}}} - 1 \right].$$

13.2.3 Formänderung über die gesamte Blechdicke

Die Dickenverminderung des gesamten Balkens an der Biegestelle ist somit

$$h_0 - (h_0^* - h_1^*) = h_1$$

$$h_0 - h_1 = h_0^* - h_1^*$$

$$h_0 = \frac{h_1}{\sqrt{1 + \frac{h_1}{r_i} - \frac{h_1}{2r_i}}}$$

$$\frac{h_1}{h_0} = \sqrt{1 + \frac{h_1}{r_i} - \frac{h_1}{2r_i}}.$$

Zur Umrechnung verwendet man am zweckmäßigsten:

$$\frac{h_0}{r_i} = \left(\frac{h_1}{r_i}\right) \frac{1}{\frac{h_1}{h_0}}.$$

Tabelle 6 zeigt einige Zahlenwerte. Hieraus und aus Abb. 84 kann man erkennen, daß für $\frac{r_i}{h_0} > 1$ Dickenänderungen $\leq 10\%$ zu erwarten sind, und bei $\frac{r_i}{h_0} \geq 2$ die Dickenänderung $\leq 2{,}5\%$ und damit vernachlässigbar klein sind.

Zu ähnlichen Erkenntnissen kommt Mäkelt[(10)], der für die durch Biegen bewirkte Blechdickenänderung

$$\frac{h_1}{h_0} = 1 - 0{,}3\varepsilon_{r_A}$$

angibt. Mit den in diesem Bericht verwendeten Werte, für ε_{r_A} kommt man im Bereich $0{,}4 \leq \frac{r_i}{h_0} \leq 2$ zu ähnlichen Aussagen.

In Abb. 84 sind auch die zulässigen Werte nach DIN 59413 eingetragen, die überdies um $\pm 20\%$ gegenüber den Angaben abweichen dürfen.

Tabelle 6.

$\frac{h_1}{r_i}$	$\frac{h_1}{h_0}$	$\frac{h_0}{r_i}$	$\frac{r_i}{h_0}$
3	0,5	6	0,1666
2	0,732	2,732	0,3668
1	0,9142	1,0938	0,9142
0,5	0,9747	0,51298	1,95
0,25	0,9930	0,2518	3,971
0,1	0,9988	0,1	10

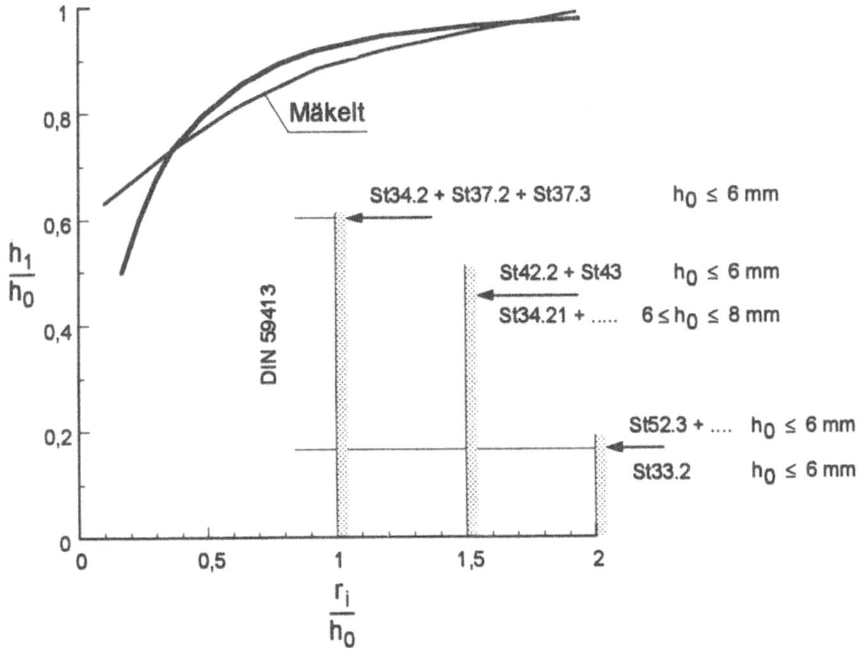

Abb. 84. Dickenänderung durch den Biegevorgang in Abhängigkeit von $\frac{r_i}{h_0}$

Für $\frac{r_i}{h_0} \leq 1$ ist überdies die Grenze des Werkstoffes erreicht, sodaß mit Rissen an der Biegeaußenkante gerechnet werden muß. Mit $\varepsilon_{max} > \varepsilon_{r_A}$ wird

$$\frac{r_i}{h_1} \geq \frac{1}{\left[1 + \left(\frac{\sigma_B - \sigma_0}{m}\right)\right]^2 - 1}.$$

Zur leichteren praktischen Handhabung wurde die in 11.2.3 abgeleitete Abhängigkeit umgeformt und ergab

$$\frac{h_1}{h_0} = 1 - \frac{\varepsilon_{r_A}^2}{2}$$

oder auch:

$$\frac{h_1}{h_0} = \frac{\frac{h_0}{r_i} + \sqrt{2\left[\left(\frac{h_0}{r_i}\right)^2 + 2\left(\frac{h_0}{r_i}\right) + 2\right]}}{2\left(1 + \frac{h_0}{2r_i}\right)^2}.$$

Durch Anbringen von Rastern an der Oberfläche von Biegeproben, wurde die Randfaserdehnung ε_{r_A}, die Blechausgangsdicke (h_0), die kleinste Blechdicke nach der Biegung (h_1) im Biegeversuch gemessen. Die dabei verwendeten Werkstoffe waren KPSt44 und QStE690 TM, die Dicken lagen bei 3,7–6,1 mm, der Werkzeugradius des Oberwerkzeuges 2 mm.

Da bei dieser Bestimmungsmethode, die während des Biegevorganges eintretende Breitenänderung unberücksichtigt bleibt, war die Übereinstimmung der Meßwerte mit den Rechenwerten unbefriedigend, wie Abb. 85 zeigt.

Zur weiteren Klärung der Lage der neutralen Faser wurden an einer Anzahl Biegeproben, Härtemessungen über die jeweilige Banddicke vorgenommen und die Lage des Härteminimums ermittelt. Nach den Vorstellungen sollte dieses Härteminimum mit der Lage der neutralen Faser zusammenfallen. Die rechnerische Ermittlung erfolgt nach den vorliegenden Formeln:

$$\frac{y}{s} = \frac{\eta_1}{h_1} = \frac{\rho - r_i}{h_1}$$

$$\frac{y}{s} = \frac{r_i}{h_1}\left(\sqrt{1 + \frac{h_1}{r_i}} - 1\right).$$

Dieser rechnerisch ermittelte Wert ist in Abb. 86 als Funktion von $\frac{r_i}{h_1}$ dargestellt. Man kann daraus entnehmen, daß gute Übereinstimmung mit der Lage des Härteminimums im Bereich $0{,}5 \leq \frac{r_i}{h_1} \leq 2{,}5$ vorhanden ist.

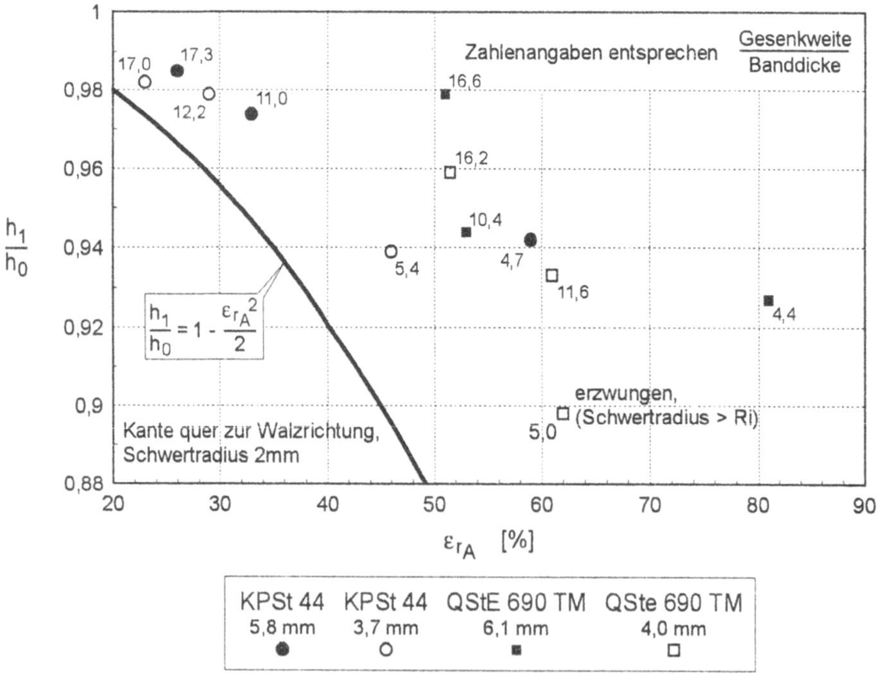

Abb. 85. Dickenänderung während des Biegens (Rasterproben)

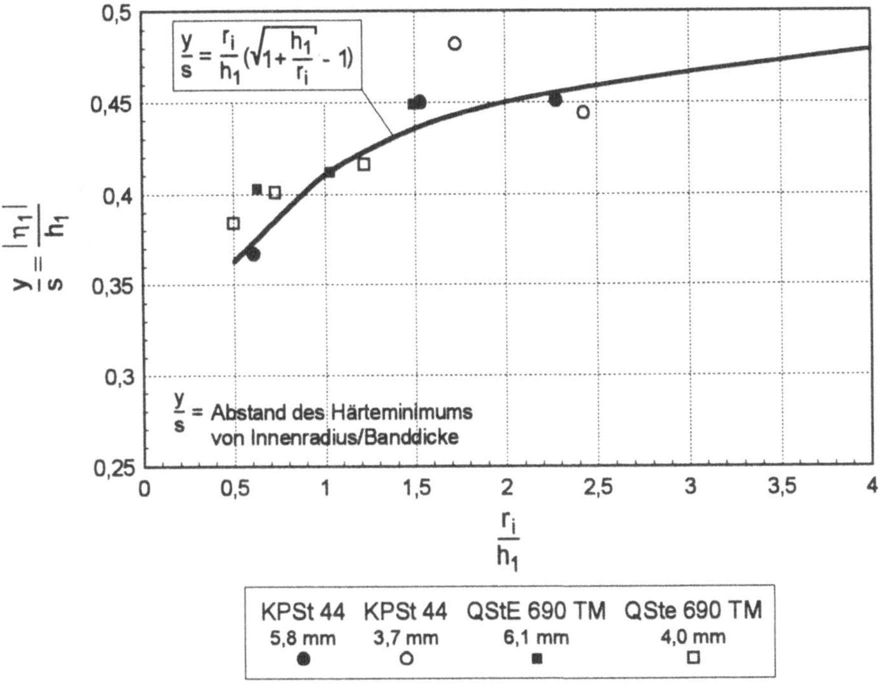

Abb. 86. Lage der neutralen Faser ermittelt aus Härtemessungen über die Blechdicke

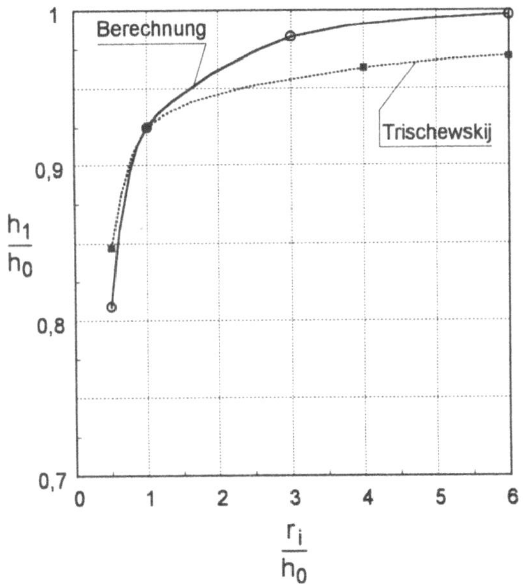

Abb. 87. Blechdickenänderung während des Biegens. Trischewskij: $\frac{h_1}{h_0} = 1 - \frac{\Delta s}{h_0}$, $\frac{\Delta s}{h_0} = 0{,}0081 \sqrt{\frac{\delta H_0}{r_i/h_0}}$, δH_0 = Schenkellänge (mm)

Dies läßt die Schlußfolgerung zu, daß die Dickenänderung $\frac{h_1}{h_0}$ wie sie beschrieben wurde, empfohlen wurden kann, wenn keine Breitenänderungen während des Biegevorganges eintreten. Bogojawlenskij/Neubauer/Ris[11] geben überdies eine Zusammenfassung von Formeln für die Dicken- und Breitenänderung während des Biegens.

Vergleicht man eine der angebenen Formeln nach Trischewskij[12] mit den abgeleiteten Beziehungen, erhält man Abb. 87.

14. Rückfederung eines einseitig eingespannten Trägers nach Entlastung

Mit der Annahme, daß die neutrale Faser in der Blechmitte liegt, lassen sich zwei Fälle beschreiben, wobei ρ den Krümmungsradius der neutralen Faser des belasteten und ρ^* die des entlasteten Trägers kennzeichnen.

14.1 Belastungsfall

Abbildung 88 zeigt zeigt für den einseitig gespannten Träger mit Einzellast

$$y'' = \frac{1}{\rho} = \frac{\varepsilon}{\eta} = \frac{\varepsilon_0}{\eta_F} = \frac{\sigma_0}{E\eta_F}$$

$$\eta_F = \frac{\sigma_0}{E}\rho$$

$$\varepsilon_R = \frac{h}{2\rho}$$

$$\varepsilon_{ges} = \frac{\varepsilon_0}{\eta_F}\eta.$$

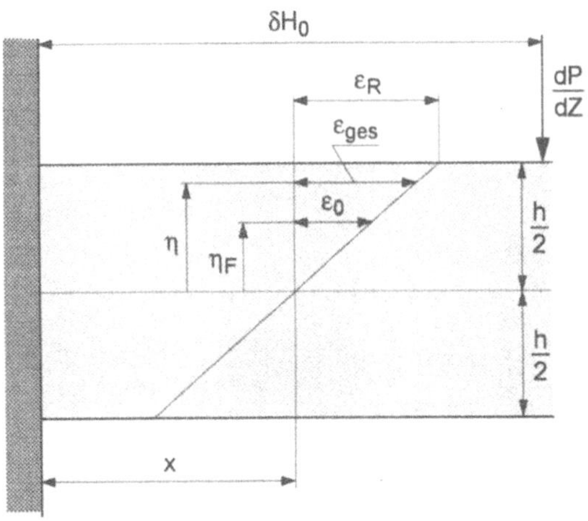

Abb. 88. Belastungsschema eines einseitig eingespannten Trägers mit Einzellast

14.2 Entlastungsfall

14.2.1 Frei bewegliche Blechschichten

Es wird vorerst angenommen, daß die Dicke des Trägers aus einzelnen Schichten besteht, die sich ungehindert dehnen und verkürzen können. Die elastisch beanspruchten Schichten würden bei Entlastung keine bleibende Formänderung aufweisen, während die plastisch verformten Schichten bei Entlastung bleibende Formänderungen aufweisen, die aus dem Spannungs-Dehnungs-Schaubild (Abb. 89) ermittelt werden können.

Man erhält folgende Beziehungen:

$$\frac{\sigma_{Pl}}{\varepsilon_{el}} = \frac{\sigma_0}{\varepsilon_0}$$

$$\varepsilon_{Bl_\eta} = \varepsilon_{ges} - \frac{\sigma_{Pl}}{E}.$$

Nach Einsetzen von ε_{ges}:

$$\varepsilon_{Bl_\eta} = \frac{\sigma_0}{E}\frac{\acute{\eta}}{\eta_F} - \frac{\sigma_{Pl}}{E}$$

ist

$$\sigma_{Pl} = \sigma_0\left(1 - \frac{m}{E}\right) + m\varepsilon_{ges}$$

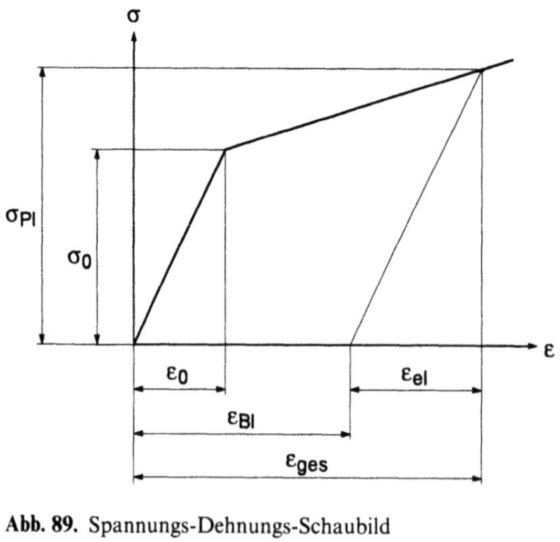

Abb. 89. Spannungs-Dehnungs-Schaubild

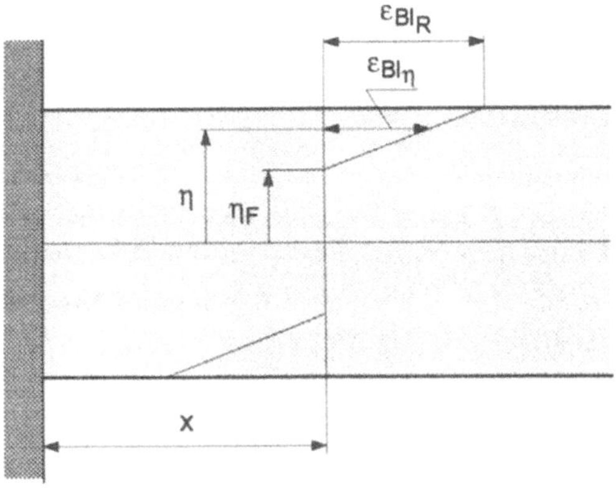

Abb. 90. Idealisierter Formänderungsverlauf nach Entlastung

und man erhält

$$\varepsilon_{Bl_\eta} = \frac{\sigma_0}{E}\left(1 - \frac{m}{E}\right)\left(\frac{\eta}{\eta_F} - 1\right).$$

Ersetzt man η_F durch ρ somit:

$$\varepsilon_{Bl_\eta} = \frac{\sigma_0}{E}\left(1 - \frac{m}{E}\right)\left(\frac{\eta E}{\rho} - 1\right).$$

In Abb. 90 sind die Formänderungen über die Blechdicke dargestellt.

Da im elastischen Bereich die Spannungen den Formänderungen proportional sind, läßt sich ein modifiziertes Momentengleichgewicht aufstellen, wenn mit F die jeweilig verwendeten Querschnittsflächen bezeichnet werden – vgl. Abb. 91.

$$F_1 = \left(\frac{h}{2} - \eta_F\right)\frac{\varepsilon_{Bl_R}}{2}$$

$$\eta_1 = \frac{h + \eta_F}{3}.$$

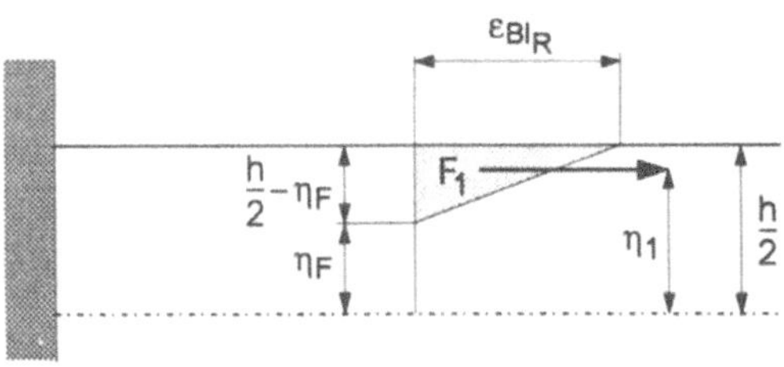

Abb. 91. Idealisierter Momentenverlauf nach Entlastung

Aus ε_{Bl_η} erhält man mit $\eta = \frac{h}{2}$:

$$\varepsilon_{Bl_R} = \frac{\sigma_0}{E}\left(1 - \frac{m}{E}\right)\left(\frac{hE}{2\sigma_0\rho} - 1\right)$$

$$F_1\eta_1 = \frac{\sigma_0}{6E}\left(\frac{h}{2} - \frac{\sigma_0\rho}{E}\right)\left(h + \frac{\sigma_0\rho}{E}\right)\left(1 - \frac{m}{E}\right)\left(\frac{hE}{2\sigma_0\rho} - 1\right)$$ modifiziertes inneres Moment.

14.2.2 Verbundene Blechschichten

Wenn die angenommenen Schichten miteinander fest verbunden sind – wie es in der Praxis auch der Fall ist – erhält man eine Formänderungsverteilung über die Blechdicke, die stetig ist und bei der neutralen Faser den Null-Wert hat – vgl. Abb. 92.

Man erhält:

$$F_2 = \frac{h}{2}\frac{\varepsilon^*_{Bl_R}}{2}$$

$$\eta_2 = \frac{h}{3}$$

$$\varepsilon^*_{Bl_R} = \frac{\varepsilon_0}{\eta_F}\frac{h}{2}.$$

Da

$$\eta_F = \rho^*\varepsilon_0$$

ist

$$\varepsilon^*_{Bl_R} = \frac{h}{2\rho^*}$$

$$F_2\eta_2 = \frac{h^3}{24\rho^*}.$$

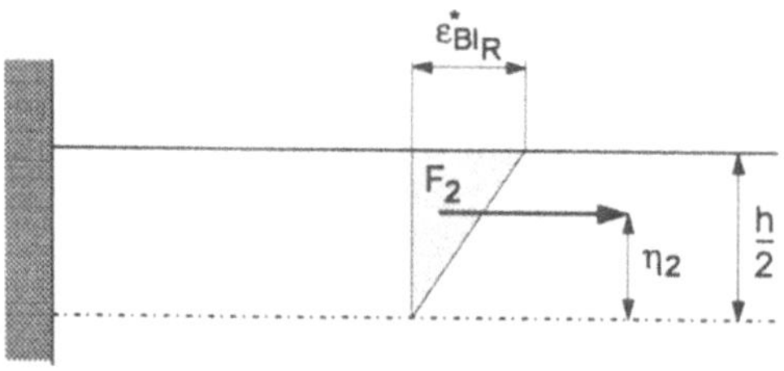

Abb. 92. Realer Momentenverlauf nach Entlastung

14.3 Krümmungsradien im belasteten und entlasteten Zustand

Durch Gleichsetzen der modifizierten Momente erhält man:

$$F_1\eta_1 = F_2\eta_2$$

$$\frac{\rho^*}{\rho} = \frac{h^3}{4\left(1-\frac{m}{E}\right)\left(\frac{h^3}{4}-\frac{3}{4}\frac{h^2\sigma_0\rho}{E}+\frac{\sigma_0^3\rho^3}{E^3}\right)}.$$

Setzt man angenähert $\frac{\sigma_0}{E} \sim 0$ ist

$$\frac{\rho^*}{\rho} \cong \frac{1}{1-\frac{m}{E}}.$$

Narayanaswamy[13] kommt zu ähnlichen Ergebnissen bei Umformung von Blechen mit kreisförmig ausgebildeten Oberwerkzeug. Bei der Umformung treten neben Biegespannungen auch Zugspannungen (Membranspannung) auf. Der Unterschied der Krümmungsradien der Bleche im belasteten gegenüber dem unbelasteten Zustand beträgt

$$\frac{\frac{1}{\rho}-\frac{1}{\rho^*}}{\frac{1}{\rho}} = 1-\frac{\rho}{\rho^*} = \frac{m}{E}-\frac{\sigma m}{E}.$$

Beim reinen Biegen ist σm die Membranspannung = 0 und man erhält

$$\frac{\rho}{\rho^*} = 1-\frac{m}{E}.$$

Dieser Ausdruck entspricht der oben abgeleiteten Beziehung.

14.4 Ermittlung von y″, y′, y im belasteten Zustand für den Bereich $0 \le x \le x_{Pl}$

Abbildung 93 zeigt einen Biegeträger mit Einzellast und plastischen Bereichen. Es war:

$$\rho_{(x)} = \frac{E}{\sigma_0}\sqrt{\frac{3}{4}h^2-\frac{3}{\sigma_0}\frac{dP}{dZ}(\delta H_0 - x)} = \frac{1}{y''}.$$

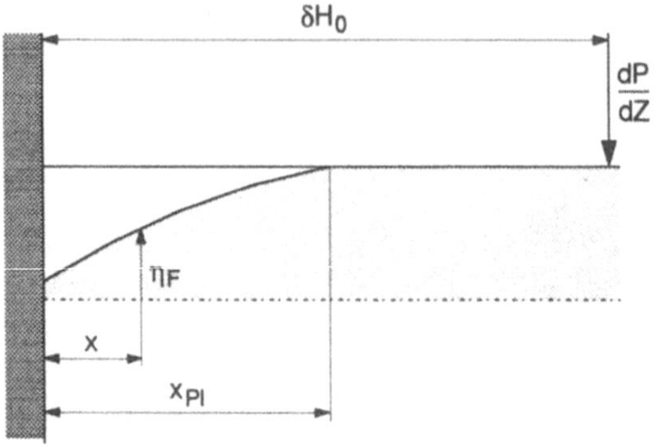

Abb. 93. Einseitig eingespannter Träger mit Einzellast. Ausbildung elastischer und plastischer Bereiche

Setzt man:

$$A = \frac{3}{4} h^2 - \frac{3}{\sigma_0} \delta H_0 \frac{dP}{dZ}$$

$$B = \frac{3}{\sigma_0} \frac{dP}{dZ}$$

erhält man

$$y'' = \frac{\sigma_0}{E\sqrt{A + Bx}}$$

$$y' = \frac{\sigma_0}{E}\left(\frac{2}{B}\sqrt{A + Bx} + C_1\right)$$

$$y = \frac{\sigma_0}{E}\left(\frac{4}{3B^2}\sqrt{(A + Bx)^3} + C_1 x + C_2\right).$$

Die Integrationskonstanten C_1 und C_2 erhält man aus den Bedingungen

$$x = 0 \qquad y = 0 \qquad y' = 0$$

zu

$$C_1 = -\frac{2}{B}\sqrt{A}$$

$$C_2 = -\frac{4}{3B^2}\sqrt{A^3}.$$

Nimmt man an, daß bei $x = 0$ ein gewünschter Krümmungsradius von $\rho_3 + \frac{h}{2}$

erreicht werden soll, erhält man

$$y''_{x=0} = \frac{1}{\rho_3 + \frac{h}{2}}$$

$$y''_{x=0} = \frac{\sigma_0}{E\sqrt{\frac{3}{4}h^2 - \frac{3}{\sigma_0}\delta H_0 \frac{dP}{dZ}}} = \frac{\sigma_0}{E\sqrt{A}}$$

$$\sqrt{A} = \frac{\sigma_0}{E}\left(\rho_3 + \frac{h}{2}\right)$$

$$A = \frac{\sigma_0^2}{E^2}\left(\rho_3 + \frac{h}{2}\right)^2 = \frac{3}{4}h^2 - \frac{3}{\sigma_0}\delta H_0 \frac{dP}{dZ}$$

$$\frac{dP}{dZ} = \frac{\sigma_0}{\delta H_0}\left[\frac{h^2}{4} - \frac{\sigma_0^2}{3E^2}\left(\rho_3 + \frac{h}{2}\right)^2\right]$$

$$B = \frac{1}{\delta H_0}\left(\frac{3}{4}h^2 - A\right).$$

Für x_{Pl} erhält man:

$$x_{Pl} = \frac{\delta H_0}{3}.$$

Setzt man $\frac{\sigma_0^2}{E^2} \sim 0$ oder $\left(\rho_3 + \frac{h}{2}\right) = 0$ erhält man für sehr kleine Krümmungsradien:

$$A = 0$$

$$B = \frac{3}{4}\frac{h^2}{\delta H_0}.$$

Somit ergibt sich für den Lastzustand

$$y'' = \frac{2\sigma_0\sqrt{\frac{\delta H_0}{3}}}{Eh\sqrt{x}}$$

$$y' = \frac{4}{3}\frac{\sigma_0}{E}\frac{\sqrt{3\delta H_0}}{h}\sqrt{x}$$

$$y = \frac{0{,}2963\sigma_0}{hE}\sqrt{27\delta H_0}\sqrt{x^3}.$$

14.5 Ermittlung von y, y′, y″ im entlasteten Zustand für den Bereich $0 \leq x \leq x_{Pl}$

Der Zusammenhang der Krümmungsradien im be- und entlasteten Zustand wurde in Kapitel 14.3 ermittelt. Daraus erhält man mit

$$D = \frac{4\sigma_0^3}{h^3E^3}$$

$$G = \frac{3\sigma_0}{Eh}$$

$$F = \frac{2\sigma_0}{Eh}\sqrt{\frac{\delta H_0}{3}}$$

$$\frac{1}{\rho} = \frac{2\sigma_0}{Eh}\sqrt{\frac{\delta H_0}{3}}\frac{1}{\sqrt{x}} = \frac{F}{\sqrt{x}}$$

$$\rho = \frac{\sqrt{x}}{F}$$

$$\frac{1}{\rho^*} = \frac{1}{\rho} + D\rho^2 - G$$

$$\frac{d^*y^2}{dx^2} = \frac{1}{\rho} + D\rho^2 - G$$

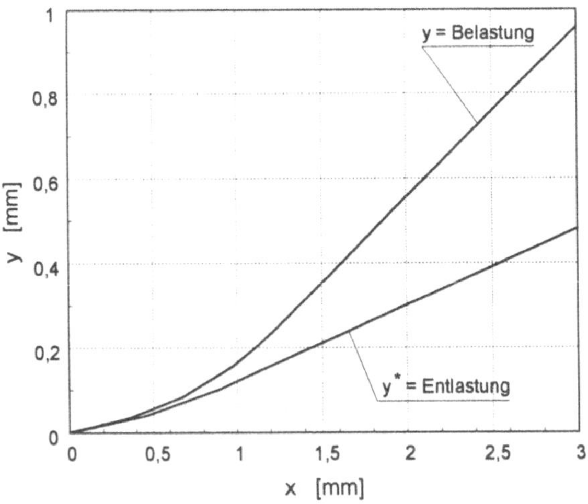

Abb. 94. Durchbiegungsverlauf eines einseitig eingespannten Trägers mit Einzellast im Belastungs- und Entlastungszustand

$$y^{*''} = \frac{d^*y^2}{dx^2} = \frac{F}{\sqrt{x}} + \frac{Dx}{F^2} - G.$$

Nach Integration erhält man zusammengefaßt für den entlasteten Zustand:

$$y^* = \frac{\sigma_0}{E}\left(\frac{8}{3h}\sqrt{\frac{\delta H_0}{3}}\sqrt{x^3} - \frac{3x^2}{2h} + \frac{x^3}{2h\delta H_0}\right)$$

$$y^{*'} = \frac{\sigma_0}{E}\left(\frac{4}{h}\sqrt{\frac{\delta H_0}{3}}\sqrt{x} - \frac{3x}{h} + \frac{3}{2}\frac{x^2}{\delta H_0 h}\right)$$

$$y^{*''} = \frac{\sigma_0}{E}\left(\frac{2}{h}\sqrt{\frac{\delta H_0}{3}}\frac{1}{\sqrt{x}} - \frac{3}{h} + \frac{3x}{h\delta H_0}\right).$$

Da der elastisch beanspruchte Bereich des Biegeträgers keine bleibenden Formänderungen bewirkt, kann er bei der Ermittlung der Rückfederung außer Betracht gelassen werden.

In Abb. 94 ist an einem Beispiel die Durchbiegung im belasteten und entlasteten Zustand dargestellt.

15. Rückfederung im Werkzeugbereich (erzwungene Biegung)

15.1 Belasteter Zustand

Bei einer kreisförmigen Kontur des Ober- und Unterwerkzeuges muß sich der umzuformende Werkstoff dieser Kontur anpassen (siehe Abb. 95).

Man erhält aus den geometrischen Bedingungen des Kreises:

$$y = \left(\rho_3 + \frac{h}{2}\right) - \sqrt{\left(\rho_3 + \frac{h}{2}\right) - x^2}$$

$$y' = \frac{x}{\sqrt{\left(\rho_3 + \frac{h}{2}\right)^2 - x^2}}$$

$$y'' = \frac{1}{\left(\rho_3 + \frac{h}{2}\right)}.$$

Durch Wahl der geeigneten Integrationskonstanten, können o.a. Ausdrücke erhalten werden, wenn von der Annahme

$$y'' = \frac{1}{\left(\rho_3 + \frac{h}{2}\right)}$$

integriert wird.

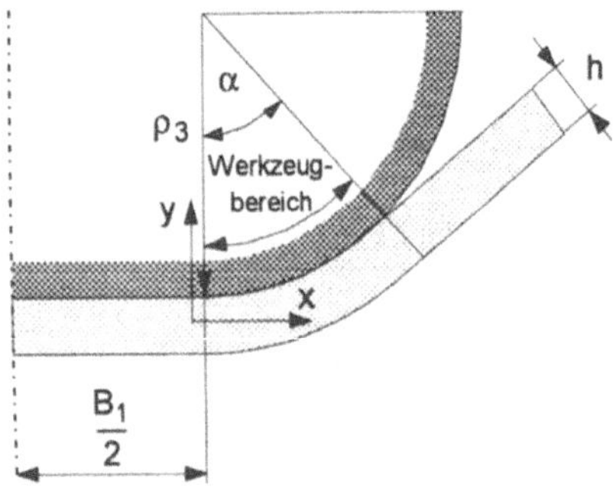

Abb. 95. Kontur des Biegeträgers im Werkzeugbereich. Belastungszustand

15.2 Entlasteter Zustand

Aus den abgeleiteten Zusammenhängen der Krümmungsradien im belasteten (ρ) und entlasteten (ρ*) Zustand für den ideal plastischen Werkstoff:

$$\frac{1}{\rho^*} = \frac{1}{\rho} + D\rho^2 - G$$

$$D = \frac{4\sigma_0^3}{E^3h^3}$$

$$G = \frac{3\sigma_0}{Eh}$$

$$\rho = \left(\rho_3 + \frac{h}{2}\right)$$

$$y'' = \frac{1}{\rho}$$

$$y^{*''} = \frac{1}{\rho^*}$$

erhält man für den entlasteten Zustand:

$$y^{*''} = y'' + D\left(\rho_3 + \frac{h}{2}\right)^2 - G.$$

Weiters durch Integration:

$$y^{*'} = y' + \left(D\left(\rho_3 + \frac{h}{2}\right) - G\right)x$$

$$y^* = y + \left(D\left(\rho_3 + \frac{h}{2}\right) - G\right)\frac{x^2}{2}.$$

Die Winkeländerung zwischen be- und entlasteten Zustand beträgt somit

$$\Delta\alpha_x = y' - y^{*'}$$

$$\Delta\alpha_x = \left(G - D\left(\rho_3 + \frac{h}{2}\right)\right)x \approx Gx$$

$$\Delta\alpha_x \approx \frac{3\sigma_0 x}{Eh}.$$

Bogojawlenskij/Neubauer/Ris[14] kommen zum gleichen Ergebnis, wenn $x = \rho\alpha$ gesetzt wird.

Bei einem Winkel oder U-Profil liegen am Ende der Verformung die Schenkel in unmittelbarer Berührung mit dem Werkzeug, sodaß dafür die für freie Biegung ermittelte bleibende Biegelinie nochmals durch die Werkzeugbegrenzungsflächen plastisch verformt wird. Die dann verbleibende restliche Durchbiegung der Schenkel ist gering und kann im allgemeinen vernachlässigt werden. Im Bedarfsfall kann auf die Ausführungen des vorangegangenen Abschnittes zurückgegriffen werden.

In einer Meßserie mit Blechdicken 3–6 mm wurde bei der Herstellung von 90°-Winkeln die Winkeländerungen zwischen Werkzeugwinkel und Werkstoffwinkel nach Entlastung gemessen und Änderungen von 1–3,5° festgestellt. Die Vergleichsrechnungen ergaben Änderungen von 1–1,5°.

16. Entstehung von Rollknicken beim Biegen (ohne äußere Zugspannungen)

Den mit der Bandverarbeitung beschäftigten Fachleuten ist bekannt, daß es beim Auf- und Abwickeln von Bändern zu Knicken (coil breaks) kommen kann, die eine Verwendung von Bändern, die mit solchen Fehlern behaftet sind, stark einschränken oder unmöglich machen.

Schon lange sind geeignete Einrichtungen bekannt, um diesen Fehler zu vermeiden. Dabei dreht es sich um Bandumlenkungen um Rollen mit kleinem Radius unter Zugspannung, die eine gewisse Kaltverformung bewirken, wodurch eine Art Dressiervorgang bewirkt wird, wodurch der Einfluß einer eventuell vorhandenen oberen und unteren Streckgrenze eliminiert wird. Die vorliegende Untersuchung soll Erklärungen über die Entstehungsursache von Rollknicken, und ihre mögliche Vermeidung aufzeigen.

Es ist erforderlich ein σ-ε-Schaubild anzuwenden, daß auf das geschilderte Problem Rücksicht nimmt (Abb. 96).[16]

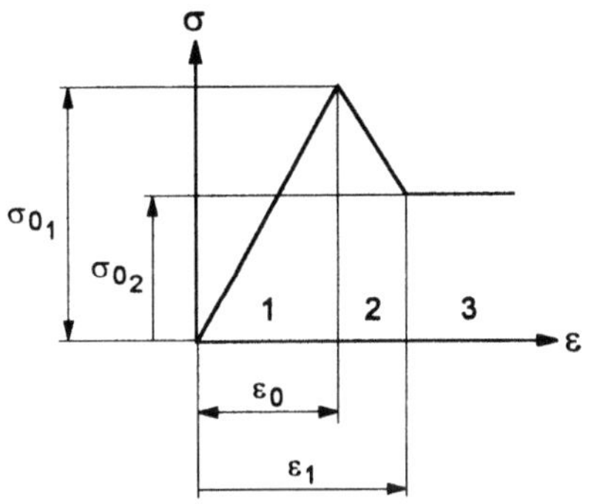

Abb. 96. σ-ε-Diagramm eines Werkstoffes mit oberer und unterer Streckgrenze

16.1 Werkstoffmodell

Man kann bei Annahme dieses Werkstoffmodells drei Bereiche unterscheiden, deren Beschreibung gemäß Tabelle 7 zusammengefaßt werden kann:

Tabelle 7.

Bereich	Formänderungsbereich	Spannungsdefinition
1	$0 \leq \varepsilon \leq \varepsilon_0$	$\sigma = \frac{\sigma_{0_1} \varepsilon}{\varepsilon_0}$
2	$\varepsilon_0 \leq \varepsilon \leq \varepsilon_1$	$\sigma = \sigma_{0_1} - (\varepsilon_0 - \varepsilon) \cdot \frac{(\sigma_{0_2} - \sigma_{0_1})}{(\varepsilon_1 - \varepsilon_0)}$
3	$\varepsilon_1 \leq \varepsilon$	$\sigma = \sigma_{0_2}$

16.2 Angenommener Biegefall (Verlauf des äußeren Biegemomentes)

Es wurde ein einseitig eingespannter Träger mit Einzellast angenommen, der frei gebogen werden soll und an der Einspannstelle eine vorgegebene gewünschte Krümmung erreichen soll $\left(\rho_w + \frac{h}{2}\right)$.

Der Verlauf des äußeren Biegemomentes, schematisch dargestellt in Abb. 97, läßt sich folgendermaßen beschreiben:

$$\left(\frac{dM}{dZ}\right)_x = \left(\frac{dP}{dZ}\right)(\delta H_0 - x)$$

$$\left(\frac{dM}{dZ}\right)_x = \left(\frac{dP}{dZ}\right)\delta H_0\left(1 - \frac{x}{\delta H_0}\right).$$

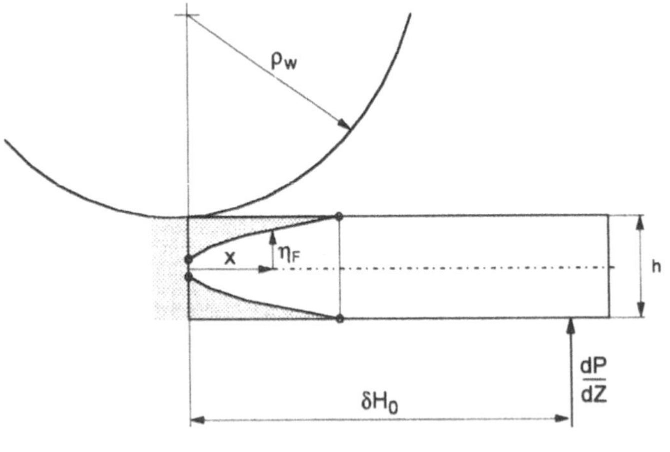

Abb. 97. Schematische Darstellung des Biegevorganges

Da

$$\left(\frac{dM}{dZ}\right)_{x=0} = \left(\frac{dP}{dZ}\right)\delta H_0$$

ist

$$\left(\frac{dM}{dZ}\right)_x = \left(\frac{dM}{dZ}\right)_{x=0}\left(1 - \frac{x}{\delta H_0}\right).$$

16.3 Bestimmung des inneren Biegemomentes

16.3.1 Rein elastische Biegung

$$0 \leq \left(\frac{dM}{dZ}\right)_{x=0} \leq \frac{\sigma_{0_1} h^2}{6}$$

$$0 \leq \frac{dP}{dZ} \leq \frac{\sigma_{0_1} h^2}{6\delta H_0}$$

$$\frac{Eh}{2\sigma_{0_1}} \leq \rho_{x=0} \leq \infty.$$

Der Verlauf des Krümmungsradiuses ist gegeben durch:

$$\rho_{(x)} = \frac{Eh^3}{12\left(\frac{dP}{dZ}\right)(\delta H_0 - x)}.$$

An der Stelle $x = 0$ somit

$$\rho_{x=0} = \frac{Eh^3}{12\left(\frac{dP}{dZ}\right)\delta H_0}$$

oder

$$\rho_{x=0} = \frac{Eh^3}{12\left(\frac{dM}{dZ}\right)_{x=0}}.$$

Da

$$\rho_{max_{el}} = \frac{Eh}{2\sigma_{0_1}}$$

ist

$$\left(\frac{dM}{dZ}\right)_{x=0_{max_{el}}} = \frac{\sigma_{0_1} h^2}{6} = \left(\frac{dP}{dZ}\right)_{max_{el}} \delta H_0.$$

16.3.2 Elastisch-plastische Biegung (Bereich 2)

Die elastischen Spannungen sind gegeben durch:

$$\sigma_{el} = E\varepsilon$$

$$\sigma_{el} = E\frac{\eta}{\rho}$$

$$\varepsilon = \frac{\eta}{\rho}.$$

Die plastischen Spannungen erhält man mit

$$\sigma_{Pl} = \left(\sigma_{0_1} - \varepsilon_0\frac{(\sigma_{0_2} - \sigma_{0_1})}{(\varepsilon_1 - \varepsilon_0)}\right) + \varepsilon\frac{(\sigma_{0_2} - \sigma_{0_1})}{(\varepsilon_1 - \varepsilon_0)}.$$

Da

$$\sigma_{0_1} - \varepsilon_0\frac{(\sigma_{0_2} - \sigma_{0_1})}{(\varepsilon_1 - \varepsilon_0)} = K_6$$

$$\frac{\sigma_{0_2} - \sigma_{0_1}}{\varepsilon_1 - \varepsilon_0} = K_7$$

Werkstoffkonstante sind, läßt sich die plastische Spannung ausdrücken zu

$$\sigma_{Pl} = K_6 + K_7\varepsilon.$$

Damit erhält man als inneres Biegemoment

$$\frac{dM}{dZ} = 2\left(\int_0^{\eta_F}\sigma_{el}\eta\,d\eta + \int_{\eta_F}^{h/2}\sigma_{Pl}\eta\,d\eta\right).$$

wenn mit η_F die Abgrenzung der elastischen von der plastischen Zone bezeichnet wird.

Da

$$\eta_F = \frac{\sigma_{0_1}}{E}\rho$$

erhält man

$$\frac{dM}{dZ} = 2\left(\frac{E}{\rho}\int_0^{\eta_F}\eta^2 d\eta + \int_{\eta_F}^{h/2}(K_6 + K_7\varepsilon)\eta\,d\eta\right)$$

$$\frac{dM}{dZ} = 2\left(\frac{E}{3\rho}\eta_F^3 + \frac{K_6}{2}\left(\frac{h^2}{4} - \eta_F^2\right) + \frac{K_7\sigma_{0_1}}{E}\int_{\eta_F}^{h/2}\frac{\eta^2 d\eta}{\eta_F}\right)$$

$$\frac{dM}{dZ} = 2\left(\frac{\sigma_{0_1}^3\rho^2}{3E^2}\left(1 - \frac{K_7}{E} - \frac{3K_6}{2\sigma_{0_1}}\right) + \frac{h^2}{4}\left(\frac{K_6}{2} + \frac{K_7 h}{6\rho}\right)\right).$$

Da die Grenzen für den Bereich 2 in

$$\frac{h}{2\varepsilon_1} \le \rho \le \frac{Eh}{2\sigma_{0_1}} \quad \text{oder} \quad \frac{h}{2\varepsilon_1} \le \left(\rho_w + \frac{h}{2}\right) \le \frac{Eh}{2\sigma_{0_1}}$$

liegen, läßt sich für das maximal anwendbare Biegemoment angeben:

$$\left(\frac{dM}{dZ}\right)_{max_2} = 2\left(\frac{\sigma_{0_1}^3 h^2}{12E^2\varepsilon_1^2}\left(1 - \frac{K_7}{E} - \frac{3K_6}{2\sigma_{0_1}}\right) + \frac{h^2}{4}\left(\frac{K_6}{2} + \frac{K_7\varepsilon_1}{3}\right)\right).$$

Da das maximale Biegemoment bei x = 0 auftritt, ist

$$\left(\frac{dM}{dZ}\right)_{max_2} = \left(\frac{dM}{dZ}\right)_{x=0}$$

und der Anwendungsbereich eingeschränkt auf

$$\frac{\sigma_{0_1}h^2}{6} \le \left(\frac{dM}{dZ}\right)_{x=0} \le \left(\frac{dM}{dZ}\right)_{max_2}$$

$$\frac{\sigma_{0_1}h^2}{6\delta H_0} \le \frac{dP}{dZ} \le \frac{1}{\delta H_0}\left(\frac{dM}{dZ}\right)_{max_2}$$

$$\frac{h}{2\varepsilon_1} \le \rho \le \frac{Eh}{2\sigma_{0_1}}.$$

16.3.3 Elastisch-plastische Biegung (Bereich 3)

Liegt der gewünschte Krümmungsradius bei x = 0 bei kleineren Werten als $\frac{h}{2\varepsilon_1}$, kommt Bereich 3 zur Anwendung.

$$\varepsilon_2 = \frac{h}{2\rho} = \frac{h}{2\left(\rho_w + \frac{h}{2}\right)}$$

$$\rho = \rho_w + \frac{h}{2} \le \frac{h}{2\varepsilon_1}.$$

Die Ermittlung des inneren Biegemomentes ergibt dann:

$$\frac{dM}{dZ} = 2\left(\int_0^{\varepsilon_0} \sigma_{el}\eta\, d\eta + \int_{\varepsilon_0}^{\varepsilon_1} \sigma_{Pl}\eta\, d\eta + \sigma_{0_2}\int_{\varepsilon_1}^{\varepsilon_2} \eta\, d\eta\right)$$

$$\frac{dM}{dZ} = 2\left(\frac{E}{\rho}\int_0^{\eta_F} \eta^2 d\eta + \int_{\eta_F}^{\eta^*}\left(K_6 + K_7\frac{\eta}{\rho}\right)\eta\, d\eta + \sigma_{0_2}\int_{\eta^*}^{h/2} \eta\, d\eta\right).$$

Dabei ist

$$\eta_F = \frac{\sigma_{0_1}\rho}{E}$$

$$\eta^* = \varepsilon_1 \rho$$

$$\eta = \rho\varepsilon$$

$$\frac{dM}{dZ} = 2\left(\frac{E}{\rho}\int_0^{\sigma_{0_1}\rho/E} \eta^2 d\eta + \int_{\sigma_{0_1}\rho/E}^{\varepsilon_1\rho}\left(K_6 + K_7\frac{\eta}{\rho}\right)\eta d\eta + \sigma_{0_2}\int_{\varepsilon_1\rho}^{h/2}\eta d\eta\right)$$

$$\frac{dM}{dZ} = 2\left(\frac{\sigma_{0_2}h^2}{8} + \rho^2\left(\frac{\sigma_{0_1}^2}{E^2}\left(\frac{\sigma_{0_1}}{3} - \frac{K_6}{2} - \frac{K_7}{3}\frac{\sigma_{0_1}}{E}\right) + \frac{\varepsilon_1^2}{2}(K_6 - \sigma_{0_2}) + \frac{K_7\varepsilon_1^3}{3}\right)\right).$$

Als Grenze erhält man $\rho = \rho_w + \frac{h}{2}$

$$\left(\frac{dM}{dZ}\right)_{max_3} = 2\left(\frac{\sigma_{0_2}h^2}{8} + \left(\rho_w + \frac{h}{2}\right)^2\left(\frac{\sigma_{0_1}^2}{E^2}\left(\frac{\sigma_{0_1}}{3} - \frac{K_6}{2} - \frac{K_7}{3}\frac{\sigma_{0_1}}{E}\right) + \right.\right.$$

$$\left.\left. + \frac{\varepsilon_1^2}{2}(K_6 - \sigma_{0_2}) + \frac{K_7\varepsilon_1^3}{3}\right)\right).$$

Der Anwendungsbereich umfaßt somit

$$\left(\frac{dM}{dZ}\right)_{max_2} \le \left(\frac{dM}{dZ}\right)_{x=0} \le \left(\frac{dM}{dZ}\right)_{max_3}$$

$$\frac{1}{\delta H_0}\left(\frac{dM}{dZ}\right)_{max_2} \le \left(\frac{dP}{dZ}\right) \le \frac{1}{\delta H_0}\left(\frac{dM}{dZ}\right)_{max_3}$$

$$\frac{h}{2\varepsilon_2} \le \rho \le \frac{h}{2\varepsilon_1}.$$

16.4 Das innere Biegemoment an der Einspannstelle (x = 0) in Abhängigkeit des Krümmungsradiuses bei x = 0

Die folgende grafische Darstellung (Abb. 98) zeigt für die folgend angeführten Kennwerte den Verlauf des Krümmungsradiuses bei $x = 0$ in Abhängigkeit des Biegemomentes bei $x = 0$.

$\sigma_{0_1} = 560\,\text{N/mm}^2$

$\sigma_{0_2} = 370\,\text{N/mm}^2$

$\varepsilon_0 = 0{,}00266$

$\varepsilon_1 = 0{,}01$

$h = 0{,}6\,\text{mm}$

$\rho_w = 27{,}15\,\text{mm}$

$K_6 = 628{,}85\,\text{N/mm}^2$

$K_7 = -25.885{,}5\,\text{N/mm}^2$.

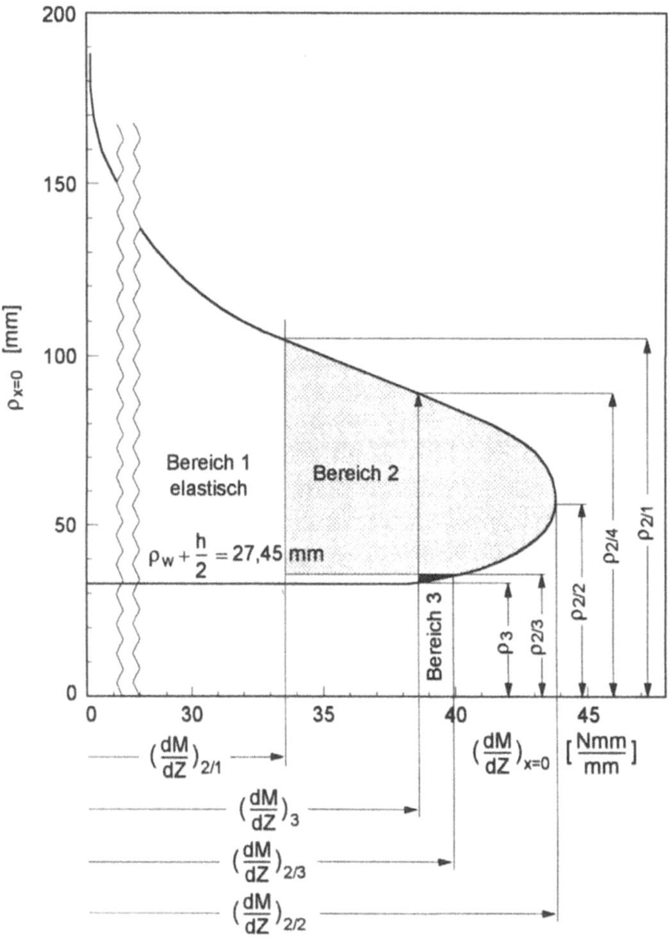

Abb. 98. Verlauf des Krümmungsradiuses mit veränderlichem Biegemoment beim Biegen eines Werkstoffes mit oberer und unterer Streckgrenze

Die Ausführungen beziehen sich auf den Fall, daß die Biegemomentkurve des Bereiches 2 die Biegemomentkurve des Bereiches 3 nach Überschreiten des Biegemomentmaximums des Bereiches 2 schneidet oder berührt. Andere Fälle sind möglich, werden aber hier nicht behandelt.

Aus dem Schaubild lassen sich einige ausgezeichnete Werte besonders hervorheben:

16.4.1 Elastische Biegung

Sie beginnt mit

$$\left(\frac{dM}{dZ}\right)_{x=0} = 0$$

und

$$\rho_{x=0} = \infty$$

und endet bei

$$\left(\frac{dM}{dZ}\right)_{x=0} = \left(\frac{dM}{dZ}\right)_{2/1} = \frac{\sigma_{0_1} h^2}{6}$$

und

$$\rho_{x=0} = \rho_{2/1} = \frac{Eh}{2\sigma_{0_1}}.$$

16.4.2 *Elastisch-plastische Biegung (Bereich 2)*

Sie beginnt dort, wo die elastische Biegung endet bei

$$\left(\frac{dM}{dZ}\right)_{2/1} = \frac{\sigma_{0_1} h^2}{6}$$

und

$$\rho_{2/1} = \frac{Eh}{2\sigma_{0_1}}.$$

erreicht das maximale Biegemoment mit $\left(\frac{dM}{dZ}\right)_{2/2}$ und $\rho_{2/2}$, wobei die weitere Verkleinerung des Krümmungsradiuses bis $\rho_{2/3}$ mit kleiner werdenden Biegemoment $\left(\frac{dM}{dZ}\right)_{2/3}$ verbunden ist.

Dies kennzeichnet auch das Ende des Bereiches 2 und damit den Beginn des Bereiches 3.

16.4.3 *Elastisch-plastische Biegung (Bereich 3)*

Eine weitere Verringerung des Krümmungsradiuses bei $x = 0$ bis zum Erreichen des gewünschten End-Krümmungsradiuses $\rho_3 = \rho_w + \frac{h}{2}$, wird von einer weiteren Verringerung des erforderlichen maximalen Biegemomentes bis $\left(\frac{dM}{dZ}\right)_3$ begleitet. Damit ist bei $x = 0$ der Biegevorgang abgeschlossen.

Eine Weiterführung des Biegevorganges in der Weise, daß andere Bereiche des Biegeträgers $x \neq 0$ dieselbe Endkrümmung wie die Stelle $x = 0$ erreichen, ist nur dadurch möglich, daß diese mit dem maximalen Biegemoment $\left(\frac{dM}{dZ}\right)_3$ nur

Krümmungsradien erreichen, die $\rho_{2/4}$ entsprechen, und daher eine Verkleinerung derselben bis zum Erreichen von $\rho_3 = \rho_w + \frac{h}{2}$ nur mit vorerst Vergrößerung des maximalen Biegemomentes bis $\left(\frac{dM}{dZ}\right)_{2/2}$ und anschließender Verringerung desselben bis $\left(\frac{dM}{dZ}\right)_3$ erreicht werden kann. Dies führt schließlich zu einer periodischen Schwankung des maximalen Biegemomentes an der jeweiligen fortschreitenden Einspannstelle des Biegeträgers.

Dadurch treten aber Veränderungen der Krümmungsradien in den bereits auf den gewünschten Endkrümmungsradius $\rho_3 = \rho_w + \frac{h}{2}$ gebrachten Bereichen des Biegeträgers auf. Diese Veränderungen werden als Rollknicke (coil breaks) sichtbar. Till*) hat mit dem Abaqus Rechenprogramm diese Erklärung erst möglich gemacht.

16.5 Schlußfolgerungen

Da die beschriebene Erscheinung nur dann zu erwarten ist, wenn der gewünschte Endkrümmungsradius $\rho_3 = \rho_w + \frac{h}{2} \leq \rho_{2/2}$ wird, ist dies der Grenzwert, dessen Unterschreiten zu Rollknicken führen kann.

16.6 Ermittlung des Grenzwertes $\rho_{2/2}$, sowie Zusammenfassung einiger anderer ausgezeicheneten Werte

16.6.1 Bestimmung von $\rho_{2/2}$

Der Biegemomentenverlauf im Bereich 2 ist gekennzeichnet durch

$$\left(\frac{dM}{dZ}\right)_{x=0} = \frac{2}{3}\frac{\sigma_{0_1}^3 \rho_{x=0}^2}{E^2}\left(1 - \frac{K_7}{E} - \frac{3K_6}{2\sigma_{0_1}}\right) + \frac{K_6 h^2}{4} + \frac{K_7 h^3}{12\rho_{x=0}}$$

$$\left[\frac{d\left(\frac{dM}{dZ}\right)}{d\rho}\right]_{x=0} = \frac{4}{3}\frac{\sigma_{0_1}^3 \rho_{x=0}}{E^2}\left(1 - \frac{K_7}{E} - \frac{3K_6}{2\sigma_{0_1}}\right) - \frac{K_7 h^3}{12\rho_{x=0}^2} = 0$$

$$\rho_{2/2} = \rho_{x=0} = \frac{h}{2}\sqrt[3]{\frac{K_7 E^2}{2\sigma_{0_1}^3\left(1 - \frac{K_7}{E} - \frac{3K_6}{2\sigma_{0_1}}\right)}}.$$

---

*) Unveröffentlichter Forschungsbericht des Rechenzentrums der VOEST-ALPINE Stahl Linz GmbH.

Damit erhält man für das maximale Biegemoment an der Stelle x = 0

$$\left(\frac{dM}{dZ}\right)_{2/2} = \frac{2}{3}\frac{\sigma_{0_1}^3 \rho_{2/2}^2}{E^2}\left(1 - \frac{K_7}{E} - \frac{3K_6}{2\sigma_{0_1}}\right) + \frac{K_6 h^2}{4} + \frac{K_7 h^3}{12\rho_{2/2}}.$$

Somit für

$$\rho_w + \frac{h}{2} \leq \rho_{2/2} \; \ldots\ldots \; \text{Rollknicke}$$

$$\rho_w + \frac{h}{2} \geq \rho_{2/2} \; \ldots\ldots \; \text{keine Rollknicke.}$$

16.6.2 Zusammenstellung von $\rho_{2/1}$, $\rho_{2/3}$, $\rho_{2/4}$

16.6.2.1 Übergang von elastischer Biegung in den Bereich 2

$$\rho_{2/1} = \frac{Eh}{2\sigma_{0_1}}$$

$$\left(\frac{dM}{dZ}\right)_{2/1} = \frac{\sigma_{0_1} h^2}{6}.$$

16.6.2.2 Ende des Bereiches 2

$\rho_{2/3}$ ist aus dem Gleichsetzen des maximalen Biegemomentes des Bereiches 2 und 3 zu ermitteln:

$$\rho_{2/3}^3 - \frac{\rho_{2/3} h^2(\sigma_{0_2} - K_6)}{4\varepsilon_1^2(\sigma_{0_2} - K_6 - \frac{2}{3}K_7\varepsilon_1)} + \frac{K_7 h^3}{12\varepsilon_1^2(\sigma_{0_2} - K_6 - \frac{2}{3}K_7\varepsilon_1)} = 0$$

$$\left(\frac{dM}{dZ}\right)_{2/3} = \frac{\sigma_{0_2} h^2}{4} + 2\rho_{2/3}^2\left(\frac{\sigma_{0_1}^2}{E^2}\left(\frac{\sigma_{0_1}}{3} - \frac{K_6}{2} - \frac{K_7}{3}\frac{\sigma_{0_1}}{E}\right) + \frac{\varepsilon_1^2}{2}(K_6 - \sigma_{0_2}) + \frac{K_7\varepsilon_1^3}{3}\right).$$

16.6.2.3 Krümmungsradius des Bereiches 2 bei Erreichen des Endbiegemomentes $\left(\frac{dM}{dz}\right)_3$

$\rho_{2/4}$ ist aus dem maximalen Biegemoment des Bereiches 2 zu ermitteln, das gleich $\left(\frac{dM}{dZ}\right)_3$ ist:

$$\left(\frac{dM}{dZ}\right)_3 = \frac{\sigma_{0_2} h^2}{4} + 2\left(\rho_w + \frac{h}{2}\right)^2\left(\frac{\sigma_{0_1}^2}{E^2}\left(\frac{\sigma_{0_1}}{3} - \frac{K_6}{2} - \frac{K_7\sigma_{0_1}}{3E}\right) + \frac{\varepsilon_1^2}{2}(K_6 - \sigma_{0_2}) + \frac{K_7\varepsilon_1^3}{3}\right) =$$

$$= \frac{2}{3}\frac{\sigma_{0_1}^3 \rho_{x=0}^2}{E^2}\left(1 - \frac{K_7}{E} - \frac{3K_6}{2\sigma_{0_1}}\right) + \frac{K_6 h^2}{4} + \frac{K_7 h^3}{12\rho_{x=0}}.$$

Da $\rho_{x=0} = \rho_{2/4}$ erhält man:

$$\frac{2}{3}\frac{\sigma_{0_1}^3\rho_{2/4}^3}{E^2}\left(1-\frac{K_7}{E}-\frac{3K_6}{2\sigma_{0_1}}\right)+\frac{K_6h^2}{4}\rho_{2/4}+\frac{K_7h^3}{12}=\left(\frac{dM}{dZ}\right)_3\rho_{2/4}$$

$$\frac{2}{3}\frac{\sigma_{0_1}^3\rho_{2/4}^3}{E^2}\left(1-\frac{K_7}{E}-\frac{3K_6}{2\sigma_{0_1}}\right)+\rho_{2/4}\left(\frac{K_6h^2}{4}-\left(\frac{dM}{dZ}\right)_3\right)+\frac{K_7h^3}{12}=0.$$

Woraus $\rho_{2/4}$ zu ermitteln ist:

$$\left(\frac{dM}{dZ}\right)_{2/4}=\left(\frac{dM}{dZ}\right)_3.$$

16.7 Einfluß der oberen Streckgrenze σ_{0_1} auf $\rho_{2/2}$

Es war

$$K_6=\sigma_{0_1}-\frac{\varepsilon_0(\sigma_{0_2}-\sigma_{0_1})}{(\varepsilon_1-\varepsilon_0)}$$

$$K_7=\frac{(\sigma_{0_2}-\sigma_{0_1})}{(\varepsilon_1-\varepsilon_0)}.$$

Somit

$$K_6=\sigma_{0_1}-\varepsilon_0K_7.$$

Daraus erhält man

$$\rho_{2/2}=\frac{h}{2}\sqrt[3]{\frac{K_7E^2}{\sigma_{0_1}^3\left(\frac{K_7}{E}-1\right)}}.$$

Setzt man

$$K_8=\frac{\sigma_{0_1}}{\sigma_{0_2}}$$

erhält man

$$K_7=\frac{\sigma_{0_2}(1-K_8)}{\varepsilon_1-K_8\frac{\sigma_{0_2}}{E}}$$

und

$$\rho_{2/2}=\frac{h}{2}\sqrt[3]{\frac{E^2(1-K_8)}{K_8^3\sigma_{0_2}^2\left(\varepsilon_1-\frac{K_8\sigma_{0_2}}{E}\right)\left[\frac{\sigma_{0_2}(1-K_8)}{E\left(\varepsilon_1-\frac{K_8\sigma_{0_2}}{E}\right)}-1\right]}}.$$

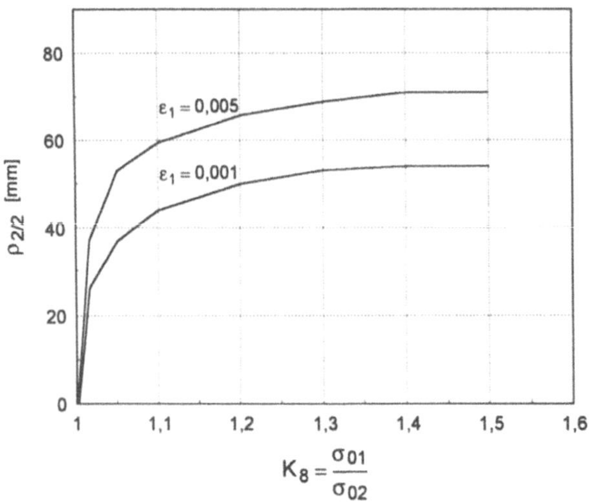

Abb. 99. Grenzkrümmungsradius $\rho_{2/2}$ für das Auftreten von Rollknicken in Abhängigkeit des Verhältniswertes von oberer zu unterer Streckgrenze

Da die Bestimmung der oberen Streckgrenze mit gewissen Unsicherheiten behaftet ist, empfiehlt es sich, die untere Streckgrenze σ_{0_2} konstant zu halten und die obere zu variieren.

Für das angeführte Zahlenbeispiel erhält man als grafische Darstellung Abb. 99.

Der Bereich unter der jeweiligen Kurve kennzeichnet den Bereich des Krümmungsradius bei x = 0, bei dem Rollknicke erwartet werden können, oberhalb der jeweiligen Kurve ist der Bereich frei von Rollknicken.

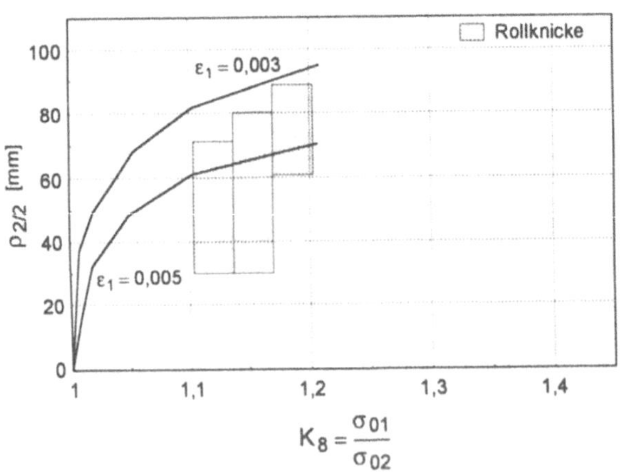

Abb. 100. Erwartetes Auftreten von Rollknicken für $\rho \leq \rho_{2/2}$ und im Versuch ermitteltes Auftreten

Es wurden praktische Biegeversuche durchgeführt, und die Biegeproben auf das Auftreten von Rollknicken beurteilt. Der Werkstoff hatte

$$\varepsilon_1 = 0{,}003 - 0{,}005,$$
$$\sigma_{0_2} = 370\,\mathrm{N/mm^2},$$
$$\sigma_{0_1} = 450\,\mathrm{N/mm^2},$$
$$h = 0{,}6\,\mathrm{mm}.$$

Die Abb. 100 zeigt den Vergleich zwischen Meß- und Rechenwerten.

Die Übereinstimmung ist zufriedenstellend vor allem, wenn man bedenkt, daß die Biegeproben im entlasteten Zustand beurteilt wurden, $\rho_{2/2}$ sich aber auf den Lastzustand bezieht.

Literatur

[1] Ditges, G. (1966) Beitrag zur Bestimmung von Einformgeometrie und Umformenergie bei der Rohrprofilierung. Dissertationsarbeit, TH Aachen S. 54

[2] Mäkelt, H. (1960) Industrieanzeiger, Essen **26**: S. 386

[3] Bogojawlsenkij, K.N., Neubauer, A., Ris, V.W. (1979) Technologie der Fertigung von Leichtbauprofilen. VEB Deutscher Verlag für Grundstoffindustrie, Leipzig, S. 113–117

[4] Siehe [3], S. 109, 110.

[5] Kato, K. (1963) A basic study of cold roll forming technique. Steel Rolling Research Laboratory Technical Research Institute, Nippon Kokan Technical Report, Nr. 1, S. 53

[6] Siehe [2], S. 389
Schulze, G. (1959) Kenngrößen für die Entwicklung und den Einsatz von Profiliermaschinen. Maschinenbautechnik **8** (4): 187

[7] Kreulitsch, H. (1993) Auslegung von kontinuierlichen Kaltprofilieranlagen. BHM **138** (5): 159–167

[8] Siehe [3], S. 138

[9] Siehe [1], S. 55
Sworono, B.P. (1966) Reine plastische Biegung und Richten von breitem Flachblech. Notizen aus der Technik der UDSSR und Osteuropaländer, PUHU Verlag KG, München, Übersetzungsbericht 8303f
Renne, J.P. Veränderungen der Wanddicke bei reiner Biegung von Blechen. Tulaer Hochschule für Mechanik **4**: 163–165

[10] Siehe [2], S. 384

[11] Siehe [3], S. 136f.

[12] Siehe [3], S. 136

[13] Narayanaswamy, O.S. (1980) Calculation of springback and toe-in in stretch bending of sheet metal. Sheet Metal Industries S: 1122

[14] Siehe [3], S. 75

[15] Journal of the Japan Institute of Metals 23 (1959) S: A18, Abb. 18

[16] Dahl, W. Rees, H. (1976) Die Spannungs-Dehnungs-Kurve von Stahl. Verlag Stahleisen, Düsseldorf, Bild 1

GPSR Compliance

The European Union's (EU) General Product Safety Regulation (GPSR) is a set of rules that requires consumer products to be safe and our obligations to ensure this.

If you have any concerns about our products, you can contact us on ProductSafety@springernature.com

In case Publisher is established outside the EU, the EU authorized representative is:

Springer Nature Customer Service Center GmbH
Europaplatz 3
69115 Heidelberg, Germany

Batch number: 10577876

Printed by Printforce, the Netherlands